A TECTÔNICA DAS PLACAS

E os fenômenos Geodinâmicos

JOSÉ RUIZ WATZECK

WHSD

ÍNDICE

PREFÁCIO

A obra que se apresenta ao leitor emerge como uma diligente síntese do vasto espectro de conhecimento concernente à tectônica de placas e à sismologia, áreas intrinsecamente interligadas que desvendam os mistérios das dinâmicas terrestres. Num contexto em que o entendimento das complexidades geológicas e geofísicas é de vital importância para a compreensão e previsão de fenômenos naturais, a presente obra almeja não somente elucidar conceitos basilares, mas também instigar reflexões sobre as fronteiras do saber científico e os desafios que permeiam esses campos de estudo.

Desde os primórdios da civilização, a curiosidade humana acerca da natureza intrínseca do planeta Terra tem impulsionado investigações que abarcam desde as mais elementares manifestações geológicas até as sutilezas das interações tectônicas. Compreender a evolução desses estudos, desde as conjecturas iniciais sobre a deriva continental até as sofisticadas análises sísmicas contemporâneas, é imperativo para uma apreensão integral das ciências da Terra.

Neste livro, propomo-nos a traçar um percurso que transcende os limites temporais e geográficos, transitando desde as primeiras concepções visionárias de cientistas pioneiros até os avanços tecnológicos que atualmente permeiam o campo da sismologia. Abordaremos as múltiplas facetas da tectônica de placas, desde sua fundamentação teórica até as aplicações práticas que tangenciam os domínios da engenharia, da geologia aplicada e da mitigação de desastres naturais.

Ao longo das páginas que se seguem, convidamos o leitor a imergir em um universo multifacetado, onde as forças titânicas que moldam a Terra se revelam em toda sua complexidade. Seja o estudante ávido por conhecimento, o cientista em busca de novas perspectivas ou o leigo que busca compreender os mistérios do mundo que o cerca, este livro aspira a ser um farol que ilumina os caminhos da compreensão e do saber.

Que esta jornada acadêmica seja enriquecedora e inspiradora, instigando novas indagações e perspectivas sobre os enigmas que permeiam a tectônica de placas e a sismologia.

INTRODUÇÃO

O presente trabalho visa empreender uma análise abrangente e erudita sobre a tectônica de placas, uma disciplina intrinsecamente relacionada à compreensão da dinâmica terrestre e à estruturação da superfície da Terra como a conhecemos. A tectônica de placas emerge como um paradigma unificador que explora os mecanismos subjacentes à evolução geológica do planeta, oferecendo insights fundamentais sobre os processos que moldaram e continuam a moldar sua topografia, distribuição de recursos e fenômenos naturais.

Desde os primórdios da civilização, a curiosidade humana acerca da natureza intrínseca da Terra tem instigado observações e especulações sobre sua estrutura e funcionamento. No entanto, foi somente nos últimos séculos que as fundações do conhecimento científico moderno começaram a ser estabelecidas, impulsionadas por uma combinação de observações empíricas, análises geológicas e avanços tecnológicos. Nesse contexto, as primeiras teorias sobre a movimentação das placas tectônicas surgiram como uma resposta às observações cada vez mais detalhadas da superfície terrestre e dos fenômenos geológicos associados.

A história das primeiras observações e teorias sobre a movimentação das placas remonta a figuras notáveis da ciência, cujas contribuições visionárias lançaram as bases para o paradigma contemporâneo da tectônica de placas. Desde as especulações de Alfred Wegener sobre a deriva continental até os estudos pioneiros de James Hutton sobre a geodinâmica terrestre, cada marco histórico reflete uma jornada intelectual marcada por descobertas intrigantes e debates acalorados.

Portanto, é imperativo compreender o contexto histórico e científico no qual emergiram as primeiras teorias sobre a tectônica de placas, pois isso nos permite apreciar a profundidade do conhecimento acumulado ao longo dos séculos e a complexidade dos desafios enfrentados pelos cientistas na busca por uma compreensão abrangente da Terra e seus processos geológicos. Este trabalho se propõe a explorar esse panorama histórico, delineando as contribuições de figuras proeminentes, as evidências que sustentam as teorias e os avanços que moldaram a disciplina da tectônica de placas como a conhecemos hoje. Ao fazê-lo, busca-se fornecer uma base sólida para a compreensão das questões contemporâneas e dos desafios futuros que permeiam esse campo fascinante da ciência.

CAPÍTULO 1: PRELÚDIO À TECTÔNICA DE PLACAS

O estudo da estrutura da Terra e da movimentação dos continentes remonta a períodos ancestrais da história humana, permeados por concepções míticas e especulativas. No entanto, foi somente durante os séculos XVIII e XIX que as fundações da geologia moderna começaram a ser delineadas, impulsionadas por uma combinação de observações empíricas, raciocínio dedutivo e avanços nas técnicas de exploração geográfica.

Uma das primeiras tentativas de sistematização dos conhecimentos sobre a geodinâmica terrestre foi empreendida por James Hutton, cuja obra seminal "Theory of the Earth", publicada em 1788, propôs a ideia de um ciclo geológico contínuo, caracterizado por processos de erosão, sedimentação e metamorfismo. Embora não tenha abordado diretamente a movimentação dos continentes, as ideias de Hutton semearam as bases para a compreensão da Terra como um sistema dinâmico em constante transformação.

Entretanto, foi somente no início do século XX que a teoria da deriva continental ganhou notoriedade, sob a égide do meteorologista e geofísico alemão Alfred Wegener. Em sua obra "A Origem dos Continentes e Oceanos", publicada em 1915, Wegener propôs a hipótese audaciosa de que os continentes não eram entidades estáticas, mas sim fragmentos de uma massa terrestre primordial que haviam se deslocado ao longo do tempo geológico. Para embasar sua teoria, Wegener utilizou evidências paleontológicas, geológicas e climáticas, ressaltando a congruência de fósseis, estruturas geológicas e padrões climáticos entre continentes distantes.

Apesar do impacto provocado pela teoria de Wegener, sua proposta inicial foi amplamente contestada pela comunidade científica da época, que carecia de um mecanismo plausível para explicar o movimento dos continentes. Somente após a Segunda Guerra Mundial, com o advento de novas tecnologias e abordagens científicas, é que a teoria da deriva continental evoluiu para a teoria da tectônica de placas, um paradigma revolucionário que postula a existência de placas litosféricas flutuando sobre o manto terrestre e interagindo entre si ao longo de fronteiras definidas.

A fundamentação teórica subjacente à teoria da deriva continental e à subsequente teoria da tectônica de placas foi corroborada por um conjunto diversificado de evidências que abarcam múltiplos domínios científicos. Entre estas, destacam-se a concordância paleontológica e a observação de encaixes geológicos em continentes distantes, cuja similitude e conexão sugeriam, de maneira eloquente, uma história compartilhada.

A similaridade de fósseis encontrados em diferentes continentes foi um dos pilares fundamentais que sustentaram a hipótese de que essas massas terrestres haviam compartilhado uma história geológica interconectada. O achado de espécies fossilizadas idênticas ou intimamente relacionadas em locais geograficamente remotos, como a presença de mesmos gêneros de plantas e animais extintos em regiões hoje separadas por vastos corpos de água, proporcionou evidências irrefutáveis de uma ligação pregressa entre territórios que, à primeira vista, pareciam distantes e isolados. Tal convergência paleontológica desafiou a explicação convencional de dispersão biológica e migração de espécies, sugerindo, em vez disso, um contexto geográfico mais intrincado e dinâmico.

Ademais, a observação de encaixes geológicos complementou a evidência paleontológica, fornecendo um insight tangível sobre os processos geológicos que moldaram a superfície terrestre ao longo do tempo. Em particular, a identificação de estruturas geológicas e formações rochosas que se estendiam de forma contínua através de limites continentais previamente concebidos como separados por vastos oceanos, consolidou a percepção de que tais massas de terra haviam sido, em algum ponto da história geológica, contíguas. A exemplo notável, a cadeia montanhosa dos Apalaches, que se estende desde o leste dos Estados Unidos até as ilhas britânicas, foi interpretada como uma continuidade geológica que abarcava continentes anteriormente unidos.

Assim, a conjunção dessas evidências, aliada a um exame crítico das características morfológicas, geológicas e biológicas dos continentes, lançou as bases para uma nova compreensão da dinâmica planetária. O reconhecimento da existência de uma história comum e entrelaçada entre continentes outrora coesos, desencadeou uma revolução conceitual na geologia, marcando o advento de uma nova era de exploração e descoberta no campo das ciências da Terra.

Além das contribuições de Alfred Wegener e James Hutton, há outras figuras proeminentes e momentos históricos que desempenharam papéis significativos no desenvolvimento do prelúdio à teoria da tectônica de placas.

Alexander von Humboldt (1769-1859): Este naturalista, geógrafo e explorador alemão é amplamente reconhecido por suas expedições científicas na América do Sul entre 1799 e 1804. Durante suas viagens, Humboldt coletou extensos dados geográficos, geológicos e biológicos, e suas observações foram compiladas em sua obra monumental intitulada "Viagem às Regiões Equinociais do Novo Continente" (1814-1829). Humboldt enfatizou a importância de uma abordagem interdisciplinar para o estudo da natureza e sua visão holística da Terra como um sistema dinâmico interconectado influenciou significativamente os cientistas posteriores, incluindo aqueles que contribuíram para o desenvolvimento da teoria da tectônica de placas.

Harry Hess (1906-1969): Hess foi um geólogo e oficial naval americano cujas pesquisas durante a Segunda Guerra Mundial levaram a importantes contribuições para a compreensão da geologia marinha. Em 1960, Hess propôs sua teoria da expansão do fundo do mar, que postulava que as cordilheiras submarinas estavam sendo formadas por vulcanismo ao longo das dorsais oceânicas, onde novas crostas oceânicas estavam constantemente sendo criadas. A descoberta de uma faixa simétrica de magnetismo no fundo do oceano por Maurice Ewing e Bruce Heezen em 1961 forneceu apoio adicional para a teoria de Hess, levando à aceitação generalizada da tectônica de placas.

Marie Tharp (1920-2006) e Bruce Heezen (1924-1977): Tharp e Heezen colaboraram extensivamente na cartografia do assoalho oceânico durante a década de 1950. Seu trabalho detalhado revelou a presença de uma cordilheira submarina central no Oceano Atlântico, conhecida como a Cordilheira Mesoatlântica, e um vale profundo adjacente. Essas descobertas forneceram evidências cruciais para a teoria da expansão do fundo do mar e para a compreensão da movimentação das placas tectônicas.

Avanços significativos em tecnologias de mapeamento e monitoramento, como a sismologia, gravimetria, análise de dados magnéticos e a invenção do GPS, foram essenciais para a confirmação e refinamento das teorias da tectônica de placas ao longo do século XX e início do século XXI. Essas tecnologias permitiram aos cientistas coletar dados precisos sobre os movimentos das placas, bem como mapear a estrutura interna e a dinâmica da Terra com uma precisão sem precedentes.

A contribuição dessas figuras e o desenvolvimento dessas tecnologias foram fundamentais para a evolução do conhecimento sobre a tectônica de placas, proporcionando uma base sólida para a compreensão dos processos geológicos que moldam nosso planeta.

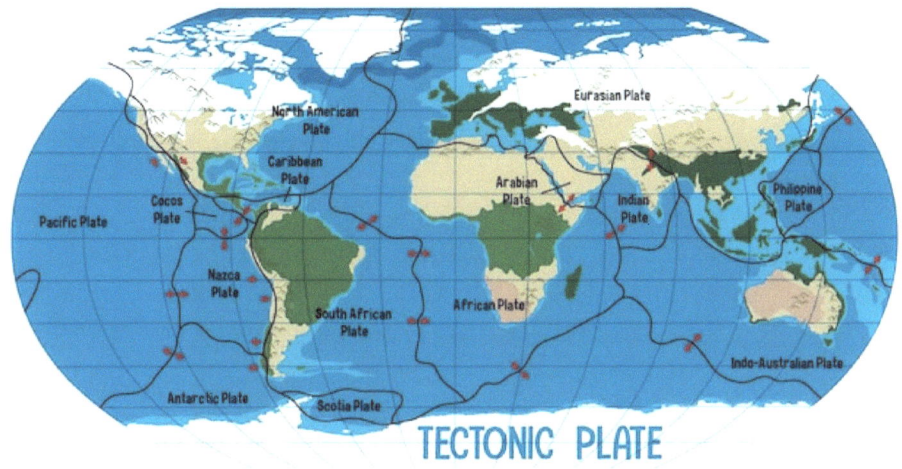

As placas tectônicas são enormes blocos de rocha que compõem a crosta terrestre e se movem ao longo do manto da Terra. Existem várias placas tectônicas principais e algumas menores. Abaixo estão os nomes das principais placas tectônicas e sua localização:

1. Placa Norte-Americana - Abrange grande parte da América do Norte, Groenlândia e parte do Oceano Atlântico.

2. Placa Sul-Americana - Engloba a maior parte da América do Sul.

3. Placa do Pacífico - Localizada principalmente sob o Oceano Pacífico, é a maior placa tectônica.

4. Placa Africana - Estende-se por grande parte da África.

5. Placa Euro-Asiática - Inclui a maior parte da Europa e da Ásia.

6. Placa Indo-Australiana - Compreende a Índia, a Austrália, partes do Oceano Índico e a região sul da Ásia.

7. Placa Antártica - Cobrindo a maior parte da Antártica.

Além dessas, existem placas menores, como a Placa de Nazca, Placa das Filipinas, Placa do Caribe, entre outras, que desempenham um papel significativo nos movimentos tectônicos e na formação de características geológicas da Terra.

CAPÍTULO 2: FUNDAMENTAÇÃO CONCEITUAL NA TECTÔNICA DE PLACAS

A compreensão da dinâmica terrestre e da evolução da superfície da Terra é enriquecida pela exploração meticulosa dos conceitos-chave inerentes à teoria da tectônica de placas. Estes conceitos, essenciais para a interpretação dos processos geológicos em curso, delineiam as complexas interações entre as massas rochosas que compõem a litosfera terrestre, fornecendo uma estrutura conceitual essencial para a compreensão dos mecanismos que moldam a topografia terrestre em escalas temporais.

Um dos pilares fundamentais na teoria da tectônica de placas reside na concepção das bordas das placas, onde ocorrem as interações primordiais entre as massas tectônicas que compõem a crosta terrestre. Estas bordas são classificadas em três categorias distintas, cada uma caracterizada por processos geológicos singulares que refletem os fenômenos tectônicos em ação:

Bordas Divergentes: Um dos tipos fundamentais de fronteiras tectônicas, são caracterizadas pela separação e afastamento gradual de placas tectônicas adjacentes, permitindo a ascensão de material magmático do manto terrestre para preencher o espaço resultante. Este fenômeno, conhecido como expansão do assoalho oceânico, é o principal motor por trás da formação de novas crostas oceânicas, desempenhando um papel central na dinâmica geológica dos fundos oceânicos e na configuração da topografia terrestre.

A atividade tectônica em bordas divergentes é frequentemente observada em dorsais oceânicas, cadeias de montanhas submarinas que se estendem ao longo dos oceanos do mundo. Nestes locais, as placas tectônicas estão se afastando uma da outra, impulsionadas por forças de tensão horizontal que promovem o rifting e a formação de novas crostas oceânicas. À medida que as placas se afastam, o magma ascende do manto terrestre através de fendas na crosta, preenchendo os vazios e solidificando-se para formar novos segmentos de crosta oceânica.

A expansão do assoalho oceânico ao longo das bordas divergentes é evidenciada por uma série de características geológicas distintas. As dorsais oceânicas são caracterizadas por uma topografia elevada e estreita, onde as rochas vulcânicas recentemente solidificadas formam uma crista central. A partir desta crista, a crosta oceânica recém-formada se estende simetricamente para ambos os lados, formando planícies abissais que são marcadas por fissuras e falhas geológicas.

Além da topografia peculiar, as bordas divergentes também são acompanhadas por atividade vulcânica significativa. Vulcanismo submarino é comum ao longo das dorsais oceânicas, com erupções frequentes de lava basáltica que contribuem para o crescimento contínuo da crosta oceânica. Estas erupções formam estruturas geológicas conhecidas como cones vulcânicos e fissuras eruptivas, que são testemunhas diretas do processo de formação da nova crosta oceânica.

Portanto, as bordas divergentes representam uma faceta essencial da dinâmica tectônica global, desempenhando um papel crucial na formação e evolução dos oceanos e na expansão contínua da crosta terrestre. O estudo detalhado dessas fronteiras tectônicas oferece insights valiosos sobre os processos geológicos em operação e a evolução da superfície terrestre ao longo das eras geológicas.

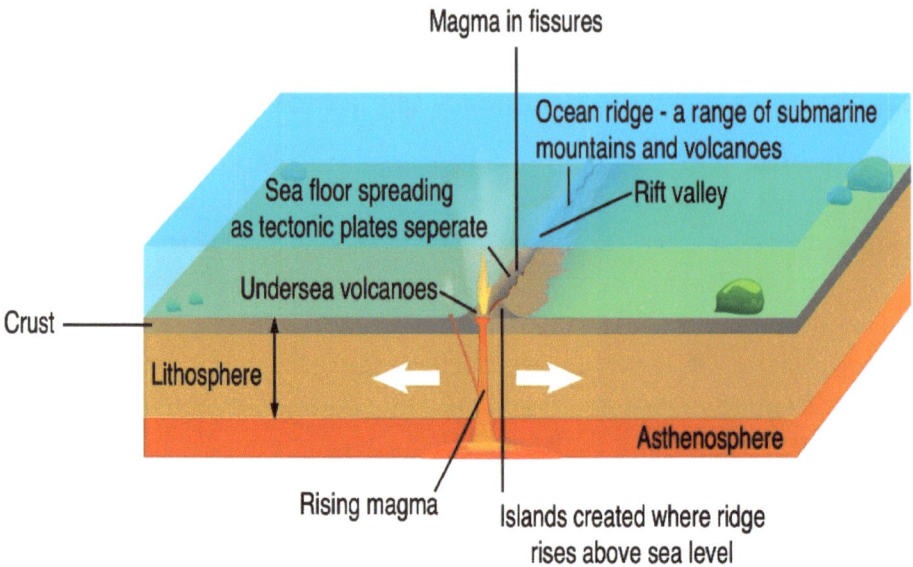

Bordas Convergentes: Uma categoria fundamental de fronteiras tectônicas, representam locais onde duas placas tectônicas se aproximam uma da outra, resultando em complexas interações geológicas que moldam a morfologia e a estrutura da crosta terrestre. Este fenômeno é intrinsecamente ligado à subducção, colisão e reciclagem da litosfera oceânica e continental, desencadeando uma série de processos geológicos marcantes que incluem atividade vulcânica, formação de cadeias montanhosas e deformação crustal.

A subducção é um dos principais processos observados em bordas convergentes, ocorrendo quando uma placa oceânica densa mergulha sob uma placa continental adjacente. Este fenômeno é frequentemente acompanhado por intensa atividade sísmica e vulcânica, à medida que a placa oceânica é forçada a mergulhar no manto terrestre. Como resultado deste processo, profundos fossos oceânicos podem se formar, representando algumas das características mais profundas da litosfera terrestre, como a Fossa das Marianas no Oceano Pacífico.

Além da subducção, as bordas convergentes também podem ser

palco de colisões continentais, onde duas placas continentais densas se encontram e se comprimem. Esta colisão resulta na formação de cadeias de montanhas espetaculares, caracterizadas por picos elevados, falhas geológicas proeminentes e uma ampla variedade de processos erosivos. Um exemplo clássico deste fenômeno é a formação dos Himalaias, onde a colisão entre as placas indiana e euro-asiática tem levado à elevação contínua desta majestosa cordilheira.

A atividade vulcânica é outra característica distintiva das bordas convergentes, resultante da fusão parcial do material rochoso subduzido e do magma ascendente do manto terrestre. Este magma é frequentemente enriquecido com voláteis e elementos químicos, resultando na formação de vulcões explosivos e estratovulcões ao longo das zonas de subducção. Estes vulcões são uma marca registrada das fronteiras convergentes e podem contribuir significativamente para a construção e evolução da topografia terrestre.

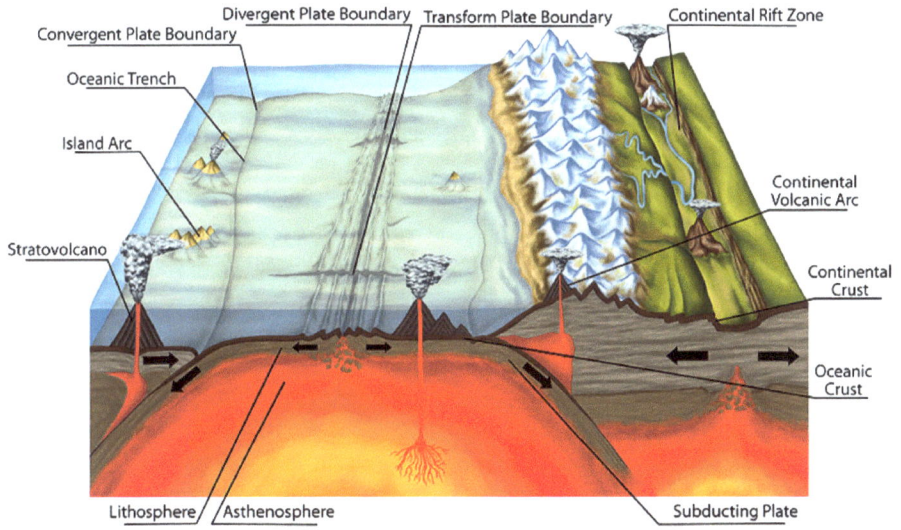

Subducção, placas tectônicas: créditos imagem Shutterstock

Bordas Transformantes: Também conhecidas como falhas transformantes, representam fronteiras tectônicas onde duas placas deslizam lateralmente uma em relação à outra, ao longo de falhas geológicas profundas e extensas. Este fenômeno é caracterizado por um movimento horizontal ao longo das falhas transformantes, que frequentemente resulta em atividade sísmica significativa e na liberação de tensão acumulada ao longo do tempo geológico.

Essas fronteiras tectônicas são marcadas por falhas geológicas notáveis, como a famosa Falha de San Andreas na Califórnia, Estados Unidos, que representa uma das falhas transformantes mais estudadas e bem conhecidas do mundo. Ao longo desta falha e outras semelhantes, observa-se um movimento lateral entre as placas tectônicas adjacentes, o que pode resultar em deslocamentos significativos ao longo do tempo geológico.

A atividade sísmica é uma característica proeminente das bordas transformantes, com terremotos frequentes ocorrendo ao longo das falhas associadas. Estes terremotos são gerados pelo movimento das placas tectônicas, à medida que elas deslizam e interagem umas com as outras ao longo das falhas transformantes. Essa atividade sísmica pode variar em intensidade e frequência, dependendo da taxa de movimento das placas e das características geológicas locais.

Além dos terremotos, as bordas transformantes também podem ser acompanhadas por outros fenômenos geológicos, como o surgimento de cadeias de montanhas submarinas e a formação de bacias oceânicas. Estes processos são influenciados pelo movimento relativo das placas tectônicas e pela interação das falhas transformantes com outras características geológicas da região.

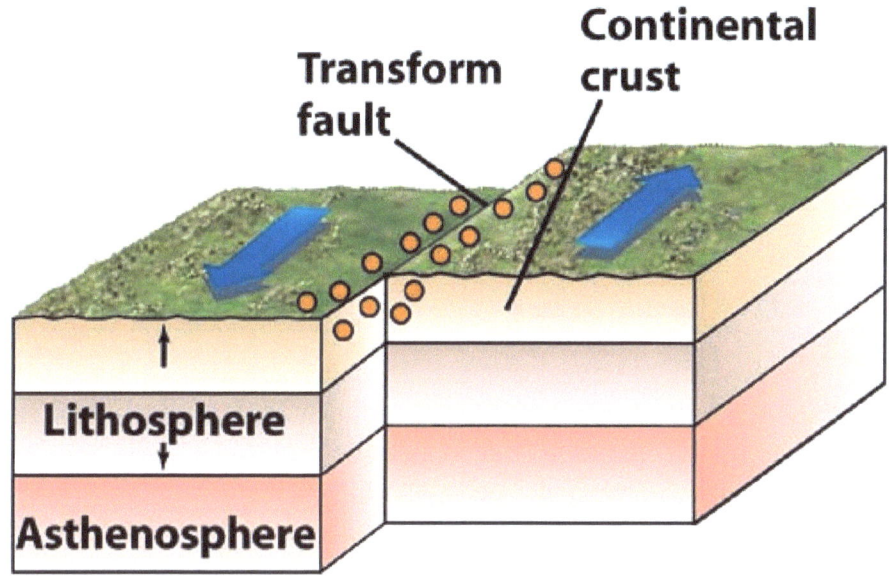

TRANSFORM FAULT BOUNDARY

Um estudo feito por Jason D. Chaytor, Geólogo de Pesquisa dos Estados Unidos sobre Levantamento Geológico, aborda a ação da placa tectônica no nordeste do Caribe, publicado no National Oceanic and Atmospheric Administration (NOAA), revela que Porto Rico, juntamente com as Ilhas Virgens, encontram-se numa área de fronteira ativa entre a Placa Norte-Americana e o canto nordeste da Placa do Caribe. A Placa do Caribe, com cerca de 80 milhões de anos, tem uma forma aproximadamente retangular e move-se para leste a uma taxa de aproximadamente dois centímetros por ano em relação à Placa Norte-Americana. O movimento ao longo de sua margem norte, na zona de limite da placa, é principalmente lateral, com um pequeno componente de subducção, em que uma placa afunda sob a outra.

Em contraste, à medida que a Placa do Caribe avança mais para leste, ela se sobrepõe à Placa Norte-Americana, formando o arco da ilha das Pequenas Antilhas, onde vulcões ativos estão presentes. Atualmente, não há atividade vulcânica em Porto Rico e nas Ilhas

Virgens, com os últimos vulcões ativos remontando a cerca de 30 milhões de anos.

A Fossa de Porto Rico, situada ao norte do país, é a parte mais profunda do Oceano Atlântico, com profundidades de água superiores a 8.300 metros (5,2 milhas), comparáveis às trincheiras profundas no Oceano Pacífico. Enquanto as trincheiras no Pacífico ocorrem onde uma placa tectônica desliza sob outra, a Fossa de Porto Rico está localizada em um limite entre duas placas que passam uma pela outra, com apenas um pequeno componente de subducção. A profundidade da trincheira varia conforme a magnitude do componente de subducção, sendo menos pronunciada onde este componente é maior.

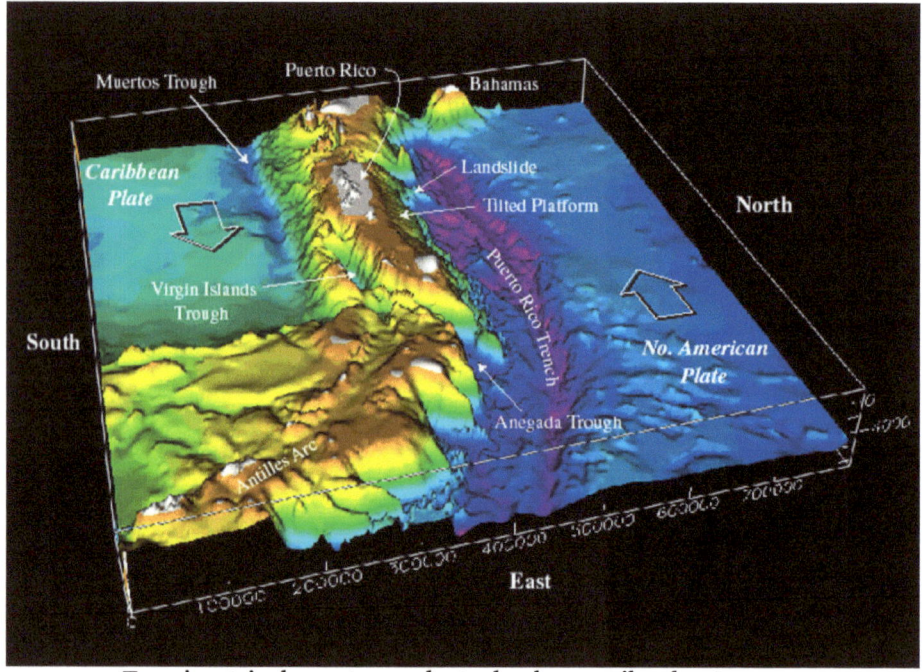

Termimetria do canto nordeste da placa caribenha. *Imagem cortesia dos EUA. Levantamento geológico*

A profundidade excepcional do fundo do mar não se restringe

apenas à trincheira, estendendo-se ao sul em direção a Porto Rico, onde uma espessa plataforma de calcário (carbonato), originalmente depositada em camadas planas perto do nível do mar, agora se inclina uniformemente para o norte. Sua margem norte está situada a uma profundidade de 4.200 metros (2,6 milhas), enquanto sua margem sul emerge em terra em Porto Rico, a algumas centenas de metros acima do nível do mar.

Ao sul de Porto Rico e das Ilhas Virgens, características como os Muertos Trough e bacias sedimentares profundas, como as bacias das Ilhas Whiting e Virgens, refletem ainda mais a atividade tectônica passada e contínua. Esta história geológica prolongada de atividade na fronteira das placas resultou na formação de um terreno submarino complexo, ainda amplamente desconhecido.

A região é caracterizada por alta sismicidade e uma história de terremotos de grande magnitude. Por exemplo, em 1943, um terremoto de magnitude 7,5 ocorreu ao noroeste de Porto Rico, seguido por terremotos de magnitude 8,1 e 6,9 ao norte de Hispaniola em 1946 e 1953, respectivamente. Outros eventos sísmicos significativos incluem um terremoto em 1787 (magnitude 8,1), possivelmente na Fossa de Porto Rico, e outro em 1867 (magnitude 7,5) no Anegada Trough, ao sul das Ilhas Virgens.

Além disso, a região apresenta um risco evidente de tsunamis. Logo após o terremoto de 1946, um tsunami atingiu o nordeste de Hispaniola, avançando por vários quilômetros terra adentro e resultando em um grande número de afogamentos. Em 1918, um terremoto de magnitude 7,5 gerou um tsunami que causou a morte de pelo menos 40 pessoas no noroeste de Porto Rico.

Diversas causas de tsunamis são observadas no Caribe, incluindo terremotos, deslizamentos de terra submarinos, erupções vulcânicas submarinas, fluxos piroclásticos subaquáticos e grandes tsunamis conhecidos como teletsunamis. Devido à sua densidade populacional e ao desenvolvimento extensivo próximo à costa, Porto Rico enfrenta um risco significativo de terremotos e tsunamis.

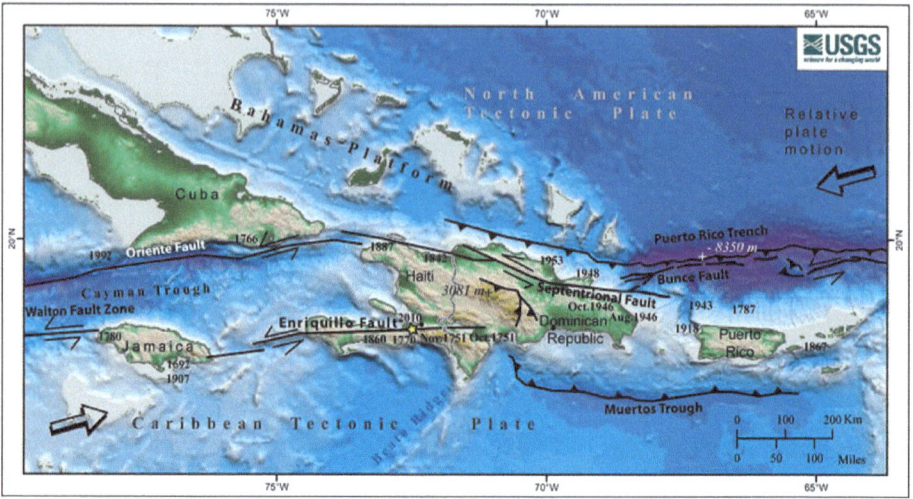

Mapa do limite da placa tectônica da América do Norte – Caribenho. As cores denotam profundidade abaixo do nível do mar e elevação em terra. Os números ousados são os anos de terremotos históricos moderadamente grandes (maiores do que cerca de magnitude 7) escritos ao lado de suas localizações aproximadas. Asterisco indica a localização do terremoto de 12 de janeiro de 2010, no Haiti. Linhas de cama de bar mostram o limite onde uma placa ou bloco mergulha sob a outra. Linhas pesadas com meias setas representam falhas ao longo das quais dois blocos passam um pelo outro lateralmente. *Imagem cortesia dos EUA. Levantamento geológico*

Um outro dado relevante, são as evidências paleomagnéticas, que desempenham um papel crucial na validação e compreensão da teoria da tectônica de placas. Essas evidências se baseiam na análise do registro magnético preservado em rochas antigas, que fornece informações valiosas sobre a posição e a orientação dos continentes ao longo do tempo geológico.

O campo magnético terrestre é gerado pelo movimento de correntes elétricas no núcleo externo da Terra, composto principalmente de ferro líquido. Este campo magnético é fundamentalmente dipolar, o que significa que possui um polo norte magnético e um polo sul magnético. Ao longo da história da Terra, o campo magnético tem variado em direção e intensidade, e as rochas formadas em diferentes momentos da história da Terra preservam uma "impressão digital" do campo magnético existente na época em que foram formadas.

Ao estudar as propriedades magnéticas das rochas antigas, os geólogos podem determinar a direção e a intensidade do campo magnético na época em que essas rochas se formaram. Isso é feito por meio da análise de minerais magnéticos, como a magnetita, que tendem a se alinhar de acordo com as linhas do campo magnético terrestre durante a sua formação. Quando as rochas resfriam abaixo de uma certa temperatura, conhecida como temperatura de Curie, esses minerais "travam" sua orientação magnética, preservando assim uma imagem do campo magnético existente naquele momento.

Ao examinar rochas de diferentes idades e localizações ao redor do mundo, os geólogos podem reconstruir a história da deriva continental e dos movimentos das placas tectônicas. Por exemplo, as rochas formadas em latitudes diferentes terão direções magnéticas diferentes, refletindo a movimentação dos continentes ao longo do tempo geológico. Além disso, a presença de reversões magnéticas, onde o campo magnético da Terra inverte seu polo norte e sul, também é evidente em muitas rochas antigas, fornecendo evidências adicionais da dinâmica do campo magnético terrestre e da deriva continental.

Portanto, as evidências paleomagnéticas são uma ferramenta poderosa na reconstrução dos movimentos das placas tectônicas e na validação da teoria da tectônica de placas, fornecendo uma janela única para a história geológica da Terra.

Nos últimos anos, significativos progressos têm sido alcançados na compreensão e modelagem dos processos tectônicos, bem como no aprimoramento da tecnologia de observação e coleta de dados. Esses avanços têm possibilitado uma análise mais detalhada e precisa da dinâmica das placas tectônicas e dos fenômenos geológicos correlacionados. Dentre os desenvolvimentos mais notáveis, destacam-se:

Modelagem computacional avançada: O aperfeiçoamento da

tecnologia computacional tem possibilitado a elaboração de modelos cada vez mais sofisticados para simular os processos tectônicos. Esses modelos incorporam uma ampla gama de variáveis, tais como viscosidade do manto, distribuição de calor no interior da Terra e interação das placas tectônicas. Essas simulações contribuem para uma compreensão mais profunda de como diferentes fatores influenciam o movimento das placas e auxiliam na previsão de cenários futuros.

Imagens de alta resolução do interior da Terra: Novas técnicas de imageamento, como a tomografia sísmica, têm permitido a obtenção de imagens detalhadas do interior terrestre com resolução sem precedentes. Essas técnicas possibilitam a identificação de estruturas como plumas mantélicas, zonas de subducção e falhas geológicas, fornecendo uma compreensão mais refinada da estrutura das placas tectônicas e de suas interações.

Monitoramento contínuo da atividade sísmica e vulcânica: Redes globais de monitoramento sísmico e vulcânico permitem o acompanhamento em tempo real da atividade geológica em escala global. Isso inclui terremotos, erupções vulcânicas e movimentos das placas tectônicas. Esses dados em tempo real são fundamentais para uma melhor compreensão da distribuição e padrões da atividade geológica, bem como para a previsão e mitigação de riscos naturais associados.

Exploração de zonas pouco conhecidas: Com o avanço da tecnologia de exploração submarina, áreas previamente pouco exploradas, como as dorsais oceânicas e as fossas abissais, têm sido investigadas com maior detalhamento. Essa exploração resultou em descobertas surpreendentes, incluindo novas espécies marinhas, formações geológicas singulares e processos tectônicos até então desconhecidos. Essas descobertas têm ampliado nosso conhecimento sobre a dinâmica das placas tectônicas e os processos geológicos submarinos.

O efeito da tectônica de placas na geografia e na vida terrestre é profundo e multifacetado. A movimentação das placas tectônicas desempenha um papel crucial na formação e configuração dos continentes, oceanos e relevos terrestres. Além disso, influencia diretamente o clima, a distribuição de ecossistemas e a evolução das espécies ao longo do tempo geológico.

Os movimentos das placas tectônicas podem resultar na separação de continentes, formação de cadeias de montanhas, abertura e fechamento de bacias oceânicas e mudanças na circulação oceânica e atmosférica. Isso tem um impacto significativo na distribuição dos biomas terrestres, na formação de desertos, na criação de barreiras geográficas para migração de espécies e na configuração dos padrões climáticos regionais.

Além disso, a atividade tectônica, como terremotos e vulcanismo, pode ter efeitos diretos na vida na Terra. Terremotos podem causar destruição de habitats naturais, deslocamento de populações humanas e danos à infraestrutura. Vulcões podem alterar o clima temporariamente devido à emissão de gases e partículas na atmosfera, afetando a temperatura global e a composição química da atmosfera.

Por outro lado, a tectônica de placas também pode criar condições favoráveis para a vida. Por exemplo, a atividade vulcânica pode enriquecer o solo com minerais essenciais para o crescimento de plantas. A formação de cadeias montanhosas pode criar uma variedade de habitats ecológicos, promovendo a diversidade biológica. Além disso, a deriva continental pode facilitar o intercâmbio de espécies entre continentes, impulsionando a evolução e adaptação de organismos. Nos últimos anos, o avanço na compreensão da tectônica de placas foi impulsionado pelo progresso tecnológico e pela colaboração entre cientistas de diferentes áreas. Essa colaboração resultou em uma visão mais abrangente e detalhada dos processos geológicos que moldam a superfície da Terra, fornecendo uma compreensão mais clara dos riscos naturais associados a esses fenômenos.

Em síntese, a tectônica de placas exerce uma influência profunda e complexa na geografia e na vida na Terra. Os movimentos das placas moldam os ambientes naturais, influenciam o clima e os padrões de biodiversidade e afetam diretamente a sobrevivência e o bem-estar das espécies, incluindo a espécie humana. Essa compreensão aprimorada dos processos tectônicos é fundamental para a previsão e mitigação dos riscos naturais e para uma gestão mais eficaz do nosso planeta.

CAPÍTULO 3: MEDIÇÃO E MONITORAMENTO DA TECTÔNICA DE PLACAS

Neste capítulo, adentramos no complexo domínio da medição e monitoramento na esfera da tectônica de placas, um campo de estudo que desvela os mecanismos subjacentes aos movimentos telúricos. Neste segmento, somos conduzidos por uma jornada investigativa que transcende a superfície terrestre, explorando os avanços e desafios inerentes à captura e análise de dados geodésicos e geofísicos. Profundamente arraigados nas bases da ciência geológica, tais esforços não apenas desvendam a dinâmica intrínseca do planeta, mas também delineiam as técnicas e tecnologias de vanguarda utilizadas nessa empreitada. Por meio de uma meticulosa análise da atividade sísmica e vulcânica, este capítulo busca não só elucidar os fenômenos geodinâmicos, mas também fornecer subsídios para a formulação de estratégias de prevenção e gestão de riscos geológicos. Assim, adentrar neste capítulo não é apenas mergulhar nos abismos da pesquisa científica, mas também é um convite para desvendar os enigmas que habitam o interior da Terra, moldando nosso entendimento do mundo que habitamos.

Técnicas de Medição: No estudo da tectônica de placas, a precisão das medições desempenha um papel central na compreensão dos movimentos e interações das placas tectônicas. Dentre as técnicas empregadas, a geodésia por satélite se destaca como uma ferramenta fundamental. Utilizando sistemas de posicionamento global, como o GPS, essa técnica possibilita a detecção de deslocamentos mínimos na posição das placas ao longo do tempo. Essas medições, refinadas e consistentes, fornecem uma base sólida para análises geodinâmicas, permitindo a quantificação precisa das taxas de deslocamento das placas e a identificação de padrões de movimento.

Outra abordagem crucial é a sismologia de alta precisão. Por meio de redes de estações sísmicas distribuídas globalmente, os cientistas registram terremotos e analisam suas características para mapear a atividade sísmica em áreas de fronteira tectônica. Essas medições sísmicas fornecem insights valiosos sobre a distribuição espacial e temporal dos eventos sísmicos, permitindo uma compreensão mais profunda da atividade tectônica em escala global.

Além das técnicas de geodésia e sismologia, outras ferramentas de medição desempenham papéis importantes na análise da tectônica de placas. A magnetometria, por exemplo, é utilizada para mapear a distribuição do campo magnético terrestre e identificar anomalias magnéticas associadas a estruturas geológicas, como zonas de subducção e dorsais oceânicas. Da mesma forma, a gravimetria é empregada para mapear variações na gravidade terrestre, revelando a distribuição de massas crustais e proporcionando insights sobre a estrutura e evolução das placas tectônicas.

Tecnologias de Imageamento: No contexto da pesquisa em tectônica de placas, as tecnologias de imageamento desempenham um papel crucial na visualização e análise das características das placas tectônicas e de suas interações. Uma das técnicas mais proeminentes é a tomografia sísmica, que utiliza dados de terremotos para mapear a estrutura interna da Terra. Por meio da análise das ondas sísmicas geradas por terremotos, os cientistas podem reconstruir imagens tridimensionais da distribuição de materiais e estruturas no interior do planeta. Isso proporciona insights relevantes sobre a composição e a dinâmica das placas tectônicas, além de auxiliar na identificação de processos geológicos subjacentes, como subducção e intrusão magmática.

Outra tecnologia importante é o sonar de varredura lateral, amplamente utilizado para mapear o fundo oceânico. Esta técnica utiliza ondas sonoras para criar imagens de alta resolução do relevo submarino, revelando características geológicas como dorsais oceânicas, fossas abissais e falhas tectônicas. Além disso, o sonar de varredura lateral é essencial para a identificação de feições submarinas associadas à atividade tectônica, como vulcões submarinos e cadeias de montanhas.

Além das técnicas mencionadas, outras tecnologias de imageamento desempenham papéis importantes na investigação da tectônica de placas. A magnetometria, por exemplo, é utilizada para mapear a distribuição do campo magnético terrestre, fornecendo informações sobre a estrutura e a evolução das placas tectônicas. Da mesma forma, a radar interferométrico de abertura sintética (InSAR) é empregada para medir deslocamentos de superfície com precisão milimétrica, permitindo a detecção de deformações crustais associadas à atividade tectônica.

O Radar Interferométrico de Abertura Sintética (InSAR) é uma técnica geodésica utilizada para identificar os movimentos da superfície terrestre. As observações feitas através do InSAR são capazes de detectar, mensurar e monitorar as mudanças na crosta terrestre relacionadas a processos geofísicos, tais como atividades tectônicas e erupções vulcânicas. Além disso, o InSAR pode identificar a subsidência do solo causada por influências antrópicas, como exploração de águas subterrâneas ou extração de hidrocarbonetos. Ao ser combinado com sistemas de monitoramento geodésico baseados em solo, como os Sistemas Globais de Navegação por Satélite, o InSAR é capaz de identificar movimentos superficiais com uma resolução espacial de milímetros a centímetros.

Essa técnica é aplicável em uma ampla variedade de estudos relacionados à deformação superficial, tais como:

- Subsidência e elevação induzidas por atividades antrópicas, como extração de águas subterrâneas ou hidrocarbonetos, ou reinjeção em reservatórios durante a captura e armazenamento de carbono.

- Deformação cosísmica ocorrida durante terremotos.

- Deformação pós-sísmica e intersísmica em falhas crustais entre terremotos.

- Inflação/deflação de câmaras de magma subterrâneas anteriores a erupções vulcânicas.

- Monitoramento de movimentos de superfície em ambientes urbanos.

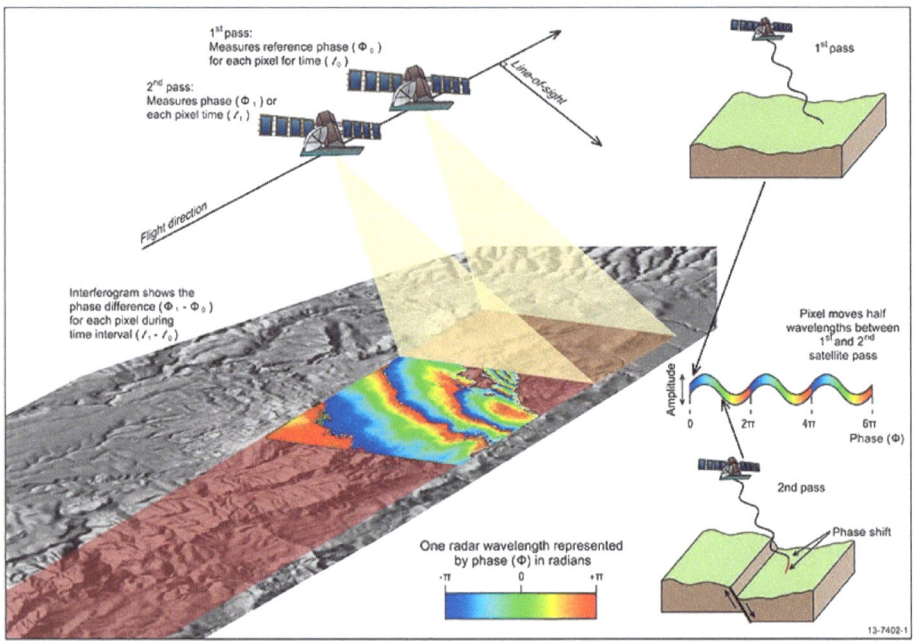

Duas imagens SAR da mesma área são adquiridas em momentos diferentes. Se a superfície se mover entre as duas aquisições, uma mudança de fase será registrada. Um interferograma mapeia essa mudança de fase espacialmente.
FONTE e IMAGEM: *Australia Government; Geoscience Australia*

O InSAR emprega duas ou mais imagens de Radar de Abertura Sintética (SAR) de uma região para rastrear os movimentos da superfície ao longo do tempo. Satélites de sensoriamento remoto que capturam imagens SAR emitem pulsos de energia de micro-ondas para a superfície terrestre e registram a quantidade de energia refletida de volta. Devido à sua baixa sensibilidade a nuvens e chuva, o uso de energia de micro-ondas oferece capacidade de operação em qualquer condição climática.

As imagens SAR contêm dados sobre a superfície terrestre na forma de componentes de amplitude e fase do sinal de radar refletido. A imagem de amplitude fornece informações sobre a topografia e a textura da superfície, enquanto a imagem de fase revela a distância entre o satélite e a superfície terrestre.

O InSAR Diferencial utiliza duas imagens SAR da mesma região, adquiridas em momentos distintos. Se houver mudança na distância entre o solo e o satélite entre as duas aquisições devido ao movimento da superfície, ocorrerá uma alteração na fase do sinal (Figura 1).

Quando visualizado espacialmente, a mudança na fase é representada como um sinal "enrolado" dentro de uma faixa de 2 radianos, aparecendo como uma série de franjas de interferência em um interferograma (Figura 2A). Ao desenrolar esse interferograma, o número de franjas é ajustado para fornecer um campo contínuo de mudança relativa na fase (Figura 2B). Inicialmente, o interferograma contém diversos componentes de sinal, como resíduos devido à órbita do satélite e variações atmosféricas durante as duas aquisições. Após o processamento de uma série de interferogramas, é possível isolar o componente do sinal relacionado ao movimento da superfície.

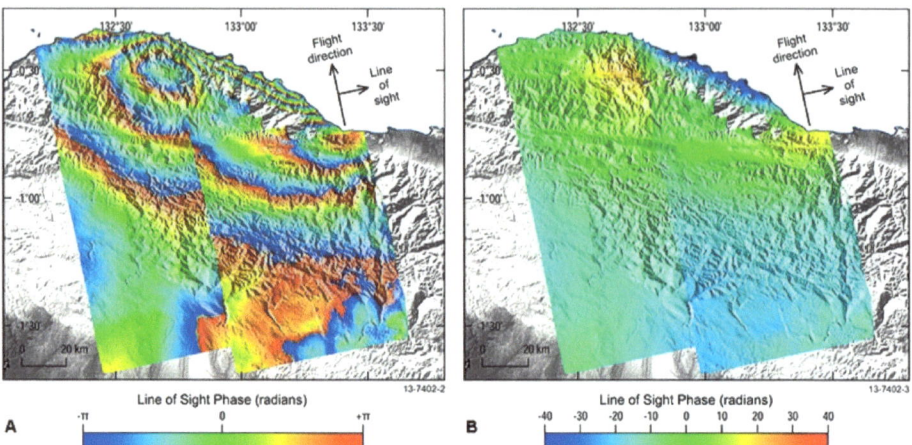

*Figura 2: Um interferograma enrolado (A) e desembrulhado (B) de um dupleto de terremoto que ocorreu em Papua Ocidental, Indonésia, criado usando dados do satélite japonês ALOS. Os terremotos de magnitude 7,6 e 7,4 ocorreram em 3 de janeiro de 2009 com intervalo de 3 horas entre si e foram causados pela subducção na fossa offshore de Manokwari, que está localizada ao norte da costa. A fase não embalada em radianos pode ser convertida em 'mudança de alcance' ou deslocamento em milímetros com o conhecimento do comprimento de onda do radar do satélite. FONTE e IMAGEM: **Australia Government; Geoscience Australia***

Ao integrar uma série de interferogramas em uma determinada região, é possível gerar mapas de velocidade e produtos de séries temporais (Figura 3). Um mapa de velocidade oferece informações sobre o deslocamento da superfície para cada pixel da imagem ao longo do período de observação, enquanto o produto da série temporal registra a evolução das posições superficiais de um pixel em cada momento de aquisição. O primeiro é útil para mapear processos geofísicos contínuos ao longo do tempo, como a acumulação de deformação em uma falha crustal bloqueada. Já o último é útil para identificar processos geofísicos que variam significativamente ao longo do tempo, podendo causar flutuações na direção do deslocamento da superfície, como no caso da inflação e deflação de uma câmara de magma sob um vulcão ativo.

Envisat Asar: Fonte: European Space Agency (ESA)

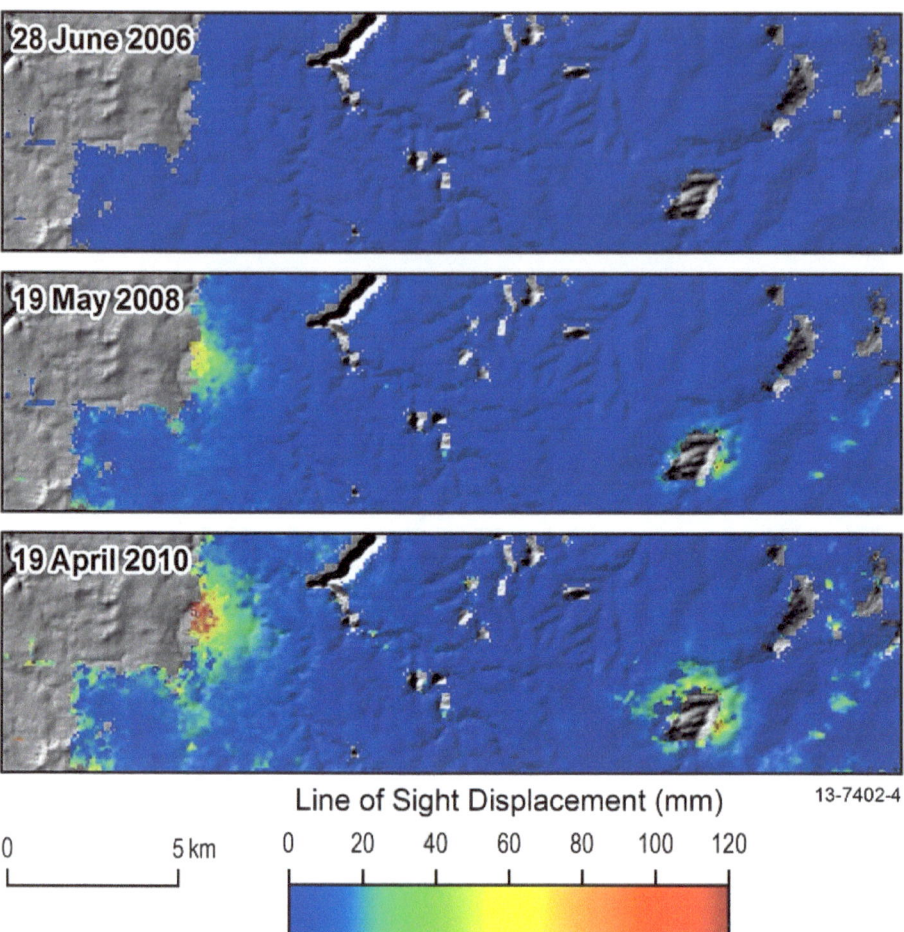

Line of Sight Displacement (mm)   13-7402-4

0   5 km   0   20   40   60   80   100   120

Figura 3: Produto da série temporal InSAR mostrando o deslocamento
cumulativo da superfície ao longo do tempo para uma pequena
região nas jazidas de carvão do sul de Nova Gales do Sul. As
observações de deslocamento unidimensional estão na linha de
visão do satélite; o caminho inclinado entre o solo e a posição do
satélite. A polaridade positiva do sinal em duas zonas anômalas
indica movimento para longe do satélite (isto é, subsidência)

CAPÍTULO 4: UMA ANÁLISE EVOLUTIVA DAS ESCALAS SÍSMICAS: DA FUNDAÇÃO DE RICHTER À COMPLEXIDADE DA MAGNITUDE DE MOMENTO

A Escala de Richter é uma escala de magnitude utilizada para quantificar a energia liberada por um terremoto. Ela foi desenvolvida em 1935 pelo sismólogo Charles F. Richter, da Califórnia, EUA. Inicialmente, foi concebida para medir terremotos na região da Califórnia, mas com o tempo tornou-se uma ferramenta globalmente reconhecida para classificar terremotos.

A escala é logarítmica, o que significa que um aumento de um ponto na escala representa um aumento de 10 vezes na amplitude da onda sísmica e aproximadamente 31,6 vezes mais energia liberada. Por exemplo, um terremoto de magnitude 6 libera cerca de 31,6 vezes mais energia do que um terremoto de magnitude 5.

Ao longo dos anos, a Escala de Richter passou por algumas revisões e refinamentos. Uma das principais razões para isso foi a necessidade de melhorar a precisão da medida, especialmente para terremotos de grande magnitude. A escala original de Richter tinha limitações em relação à distância máxima em que podia ser usada efetivamente e à capacidade de medir terremotos muito grandes.

Hoje em dia, a Escala de Richter foi em grande parte substituída pela Escala de Magnitude de Momento (ou simplesmente Magnitude de Momento), que é uma medida mais precisa da energia total liberada por um terremoto. No entanto, o termo "Escala de Richter" ainda é frequentemente usado de forma coloquial para descrever a magnitude de um terremoto, mesmo que a magnitude real seja determinada usando outras escalas mais avançadas.

Para lidar com a vasta gama de energia liberada em terremotos de diferentes magnitudes, a Escala de Richter utiliza uma abordagem semelhante à escala de magnitude estelar na astronomia, que descreve o brilho das estrelas e outros objetos celestes. Ambas as escalas recorrem a uma escala logarítmica, com uma base de 10.

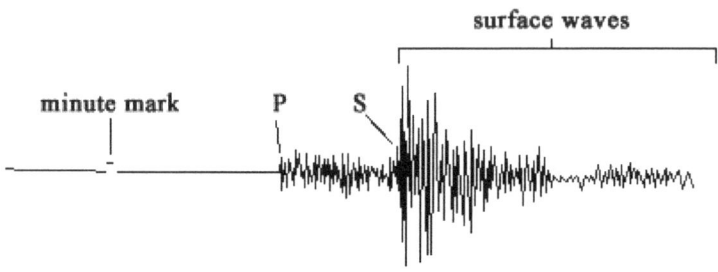

Utilizando valores facilmente medidos sobre o registo gráfico do sismógrafo, o valor é calculado usando a seguinte equação:

$$M = \log_{10} A + 3\log_{10}(8\Delta t) - 2,92 = \log_{10}\left(\frac{A \cdot \Delta t^3}{1,62}\right)$$

A= amplitude das ondas sísmicas, em milímetros, medida diretamente no sismograma.
At= tempo, em segundos, desde o início do trem de ondas **P** (primárias) até à chegada das ondas **S** (secundárias).
M= magnitude arbitrária, mas constante, aplicável a sismos que libertem a mesma quantidade de energia.

A liberação de energia durante um terremoto, diretamente correlacionada com seu poder destrutivo, corresponde à potência de 3/2 da amplitude sísmica. Assim, uma diferença de magnitude de 1,0 equivale a uma multiplicação por um fator de \(31,6\) na energia liberada pelo terremoto, enquanto uma diferença de magnitude de 2,0 equivale a uma multiplicação por um fator de \(1 000\).

Devido às limitações do sismógrafo de torção Wood-Anderson usado para desenvolver a escala, a magnitude original \(M_L \) não pode ser calculada para terremotos com magnitudes maiores que $(6,8)$. Várias extensões à escala de magnitude local foram propostas, sendo as mais populares a magnitude de ondas superficiais (MS) e a magnitude das ondas de corpo (Mb).

Em consequência dessa limitação, o sistema internacional de vigilância sísmica utiliza essa escala somente para determinar a energia liberada por terremotos com magnitudes entre $(2,0)$ e $(6,9)$, com hipocentros a profundidades de (0) a (400) quilômetros. Quando um terremoto tem magnitude superior a $(6,9)$, a escala de Richter deixa de ser aplicável, e a magnitude é avaliada utilizando a escala sísmica de magnitude de momento (M_w).

Apesar de sua ampla divulgação e uso, a escala sismológica de Richter apresenta diversas dificuldades em sua aplicação generalizada, levando à sua progressiva obsolescência diante de novas escalas desenvolvidas com base em parâmetros fisicamente mensuráveis.

O principal problema com a magnitude local (ML) ou de Richter reside na dificuldade em estabelecer uma relação com as características físicas na origem do terremoto. Além disso, existe um efeito de saturação para magnitudes próximas de $(8,3-8,5)$, devido à lei de Gutenberg-Richter de distribuição do espectro sísmico, o que resulta em estimativas de magnitude semelhantes para terremotos de intensidades diferentes.

Nas últimas décadas do século XX e inícios do século XXI, a maioria dos sismólogos passou a considerar as escalas de magnitude tradicionais obsoletas, sendo progressivamente substituídas por uma medida fisicamente mais significativa denominada momento sísmico, que relaciona parâmetros físicos como a dimensão da ruptura sísmica e a energia liberada pelo terremoto.

Em 1979, os sismólogos Thomas C. Hanks e Hiroo Kanamori, pesquisadores do Instituto de Tecnologia da Califórnia, propuseram a escala sismológica de magnitude de momento (M_W), que é uma das referências usadas atualmente.

Os maiores centros sismológicos do mundo são instituições que se dedicam ao estudo e monitoramento de terremotos e atividades sísmicas. Alguns dos principais centros sismológicos incluem:

1. United States Geological Survey (USGS) - Este é um dos principais centros sismológicos do mundo, localizado nos Estados Unidos. Ele fornece informações abrangentes sobre terremotos em todo o mundo e opera a rede sísmica nacional dos EUA.

2. Instituto Geofísico do Peru (IGP) - Localizado no Peru, o IGP é uma instituição líder na América Latina em pesquisa e monitoramento de atividades sísmicas.

3. Japan Meteorological Agency (JMA) - O JMA é responsável pelo monitoramento de terremotos no Japão, uma nação propensa a terremotos devido à sua localização na junção de placas tectônicas.

4. Centro Sismológico Nacional (CSN) - Localizado no Chile, o CSN é responsável pelo monitoramento de terremotos na região do Pacífico Sul, conhecida por sua alta atividade sísmica.

5. European-Mediterranean Seismological Centre (EMSC) - Com sede em Paris, França, o EMSC monitora e fornece informações sobre terremotos na região euro-mediterrânea e além.

No Brasil, o principal centro sismológico é o Observatório Sismológico da Universidade de Brasília (Obsis-UnB). O Obsis-UnB é responsável pelo monitoramento da atividade sísmica no país e pela pesquisa relacionada a terremotos e sismologia. Ele desempenha um papel importante na compreensão da atividade sísmica no Brasil e na mitigação de riscos associados a terremotos.

Além dos centros sismológicos mencionados anteriormente, muitos outros países ao redor do mundo possuem instituições dedicadas ao monitoramento de terremotos e atividades sísmicas. Alguns desses países incluem:

1. China - China Earthquake Administration (CEA)

2. Itália - Istituto Nazionale di Geofisica e Vulcanologia (INGV)

3. Rússia - Russian Academy of Sciences (RAS), Institute of Earthquake Prediction Theory and Mathematical Geophysics

4. Turquia - Kandilli Observatory and Earthquake Research Institute (KOERI)

5. México - Servicio Sismológico Nacional (SSN)

6. Irã - Institute of Geophysics, University of Tehran

7. Nova Zelândia - GeoNet

8. Indonésia - Indonesian Agency for Meteorology, Climatology, and Geophysics (BMKG)

Esses são apenas alguns exemplos, e muitos outros países também têm suas próprias instituições dedicadas ao estudo e monitoramento de terremotos e atividades sísmicas.

Esses centros, juntamente com muitos outros ao redor do mundo, desempenham um papel crucial na monitorização e na mitigação de riscos relacionados a terremotos e atividades sísmicas.

Os sismólogos Beno Gutenberg e Charles F. Richter

CAPÍTULO 5: SISMOLOGIA E TERREMOTOS

A sismologia, um ramo da geofísica dedicado ao estudo dos tremores de terra e dos fenômenos sísmicos, constitui uma disciplina de extrema importância na compreensão dos terremotos e na mitigação dos riscos associados a esses eventos naturais. Este capítulo se propõe a uma investigação detalhada sobre os princípios fundamentais da sismologia e a complexidade dos terremotos, explorando os processos físicos subjacentes, os métodos de detecção e monitoramento e os avanços recentes nesse campo de estudo.

Princípios Fundamentais da Sismologia: Propagação das Ondas Sísmicas

A propagação das ondas sísmicas constitui um fenômeno complexo, cujo entendimento é fundamental para a sismologia. As ondas sísmicas são geradas por eventos tectônicos, como terremotos, e se propagam através da Terra, transportando informações sobre a natureza e a distribuição das forças envolvidas. Existem três tipos principais de ondas sísmicas: as ondas primárias (P), as ondas secundárias (S) e as ondas superficiais (Rayleigh e Love), cada uma caracterizada por diferentes modos de propagação e comportamento.

As ondas primárias (P) são ondas longitudinais que se propagam através de meios sólidos e fluidos, sendo capazes de se deslocar tanto no interior da Terra quanto na sua superfície. Essas ondas são as mais rápidas e, consequentemente, as primeiras a serem registradas em estações sísmicas após um terremoto. Sua capacidade de se propagar através de diferentes materiais é devida à compressão e expansão alternadas das partículas do meio.

Já as ondas secundárias (S) são ondas transversais que se propagam apenas em meios sólidos. Essas ondas são mais lentas que as ondas P e se deslocam perpendicularmente à direção de propagação, provocando um movimento de vibração perpendicular ao sentido de propagação da onda. As ondas S são incapazes de se propagar através de líquidos e, portanto, não são observadas no núcleo externo líquido da Terra.

Por fim, as ondas superficiais, compreendendo as ondas de Rayleigh e Love, são ondas que se propagam ao longo da superfície da Terra, sendo responsáveis pela maior parte do dano causado por terremotos. As ondas de Rayleigh são ondas superficiais que produzem movimentos circulares de partículas no plano perpendicular à direção de propagação, enquanto as ondas de Love são ondas superficiais que produzem movimentos horizontais perpendiculares à direção de propagação. Ambas as ondas são resultado da interação das ondas P e S com a superfície terrestre e são cruciais para compreender a distribuição e o impacto dos terremotos.

Estrutura Interna da Terra:

O estudo da estrutura interna da Terra é essencial para compreender os processos geológicos e sísmicos que ocorrem no interior do planeta. A partir da análise das ondas sísmicas geradas por terremotos, é possível inferir a composição e a distribuição das diferentes camadas geológicas que compõem a Terra.

A crosta terrestre é a camada mais externa e fina da Terra, composta por rochas sólidas e fragmentada em placas tectônicas. Abaixo da crosta encontra-se o manto, uma região mais espessa e composta por rochas sólidas e parcialmente fundidas. O manto é subdividido em manto superior e manto inferior, com diferentes propriedades físicas e químicas.

No núcleo da Terra, encontram-se o núcleo externo e o núcleo interno. O núcleo externo é uma região líquida de ferro e níquel, localizada abaixo do manto, enquanto o núcleo interno é uma região sólida desses mesmos materiais, localizada no centro do planeta.

Entre as diferentes camadas geológicas, existem descontinuidades importantes que marcam transições abruptas nas propriedades físicas e químicas do material terrestre. A descontinuidade de Mohorovičić (Moho), por exemplo, separa a crosta do manto e é caracterizada por uma mudança na velocidade das ondas sísmicas. Outra descontinuidade significativa é a descontinuidade de Gutenberg, que separa o manto do núcleo e marca a transição entre materiais sólidos e líquidos.

Sismometria de Alta Precisão

A sismometria de alta precisão constitui uma abordagem avançada para a detecção e monitoramento de eventos sísmicos, caracterizada pela utilização de instrumentação altamente sensível e métodos de análise refinados. Essa técnica se baseia na captação e interpretação de sinais sísmicos com extrema acurácia, permitindo a detecção de tremores de terra de baixa magnitude e a análise detalhada da atividade sísmica em áreas de interesse geológico.

Os sismômetros de alta precisão são instrumentos projetados para registrar as ondas sísmicas com sensibilidade excepcional, captando mesmo os menores movimentos do solo. Esses dispositivos são dotados de componentes sensíveis e sofisticados, como sensores de aceleração e velocidade do solo, que permitem detectar e registrar oscilações minúsculas causadas por eventos sísmicos.

Além da instrumentação, a sismometria de alta precisão envolve também o uso de técnicas avançadas de processamento de dados, como a análise espectral e a filtragem de ruído. Esses métodos permitem extrair informações detalhadas dos sinais sísmicos registrados, identificando padrões característicos de diferentes tipos de eventos sísmicos e distinguindo-os do ruído de fundo.

O emprego da sismometria de alta precisão tem se mostrado

crucial em diversas aplicações, desde o monitoramento de atividade sísmica em áreas de risco até a investigação de processos geodinâmicos em escala local e regional. A capacidade de detectar e analisar eventos sísmicos com precisão milimétrica possibilita uma compreensão mais profunda da atividade tectônica e contribui para o desenvolvimento de estratégias eficazes de mitigação e prevenção de desastres naturais.

Modelagem Numérica e Simulação

A modelagem numérica e simulação são abordagens fundamentais na investigação de fenômenos sísmicos, permitindo a representação matemática e computacional dos processos físicos envolvidos na geração e propagação de ondas sísmicas. Essa metodologia se baseia na formulação de equações que descrevem as leis fundamentais da física, como as equações de movimento e as leis da termodinâmica, adaptadas para representar o comportamento complexo do sistema terrestre.

Por meio da modelagem numérica, é possível simular o comportamento das ondas sísmicas em diferentes cenários geológicos e sob diferentes condições de contorno. Isso inclui a representação de fontes sísmicas, como terremotos e atividade vulcânica, e a modelagem da propagação das ondas através de meios heterogêneos e anisotrópicos, como a crosta terrestre e o manto.

As simulações numéricas são conduzidas em ambientes computacionais de alta performance, utilizando algoritmos sofisticados e técnicas avançadas de discretização numérica. Esses modelos computacionais são capazes de reproduzir com precisão os padrões de propagação das ondas sísmicas e prever os efeitos de terremotos em diferentes regiões geográficas.

A modelagem numérica e simulação têm aplicações diversas na sismologia, desde a previsão de riscos sísmicos e a avaliação da vulnerabilidade de estruturas civis até o estudo da dinâmica das placas tectônicas e a investigação de processos geodinâmicos em larga escala. Essa abordagem proporciona uma compreensão mais profunda dos fenômenos sísmicos e contribui para o desenvolvimento de estratégias eficazes de mitigação e adaptação a desastres naturais.

Estudos Multidisciplinares

A abordagem multidisciplinar na investigação sísmica é essencial para uma compreensão abrangente dos fenômenos geodinâmicos e dos riscos sísmicos associados. Esta metodologia integra dados e conhecimentos de diversas áreas científicas, como geografia, geologia, geofísica, geodésia, engenharia civil e ciência da computação, para uma análise holística dos processos sísmicos e de suas implicações geodinâmicas.

A colaboração entre diferentes disciplinas permite uma análise mais profunda e abrangente dos terremotos e da atividade tectônica, fornecendo uma variedade de perspectivas e insights complementares. Por exemplo, a geologia fornece informações sobre a história geológica e a estrutura da crosta terrestre, enquanto a geofísica oferece métodos de sondagem para investigar as propriedades físicas e químicas do interior da Terra.

Além disso, a geodésia fornece técnicas de medição de movimentos crustais e deformações da superfície terrestre, permitindo uma avaliação precisa da atividade sísmica e da movimentação das placas tectônicas. A engenharia civil contribui com conhecimentos sobre a resistência e vulnerabilidade das estruturas à ação sísmica, auxiliando no desenvolvimento de normas de construção e medidas de mitigação de riscos.

A geografia desempenha um papel fundamental nos estudos multidisciplinares sobre sismologia e terremotos, fornecendo uma perspectiva espacial e contextual para entender a distribuição e os efeitos dos eventos sísmicos. Por meio desta ciência, é possível analisar a distribuição geográfica dos terremotos, identificar áreas de alto risco sísmico e entender os padrões de movimentação das placas tectônicas.

Além disso, a geografia contribui para a compreensão dos impactos dos terremotos na paisagem terrestre e nas comunidades humanas. Ela permite mapear áreas afetadas por terremotos, identificar vulnerabilidades geográficas e socioeconômicas e avaliar a capacidade de resposta e recuperação das comunidades afetadas.

A análise geográfica também é fundamental para entender as interações complexas entre os processos tectônicos e outros fenômenos naturais, como vulcanismo, tsunamis e movimentos de massa. Ela ajuda a identificar padrões de atividade sísmica em diferentes regiões geográficas, relacionando-os a características geológicas, topográficas e climáticas específicas.

Além disso, esta ciência fornece uma base espacial para integrar dados e conhecimentos de diferentes disciplinas científicas, facilitando a colaboração entre geólogos, geofísicos, engenheiros civis, sociólogos e outros especialistas.

A ciência da computação desempenha um papel fundamental na análise e interpretação de grandes volumes de dados sísmicos, bem como na modelagem numérica e simulação de terremotos e processos geodinâmicos. O uso de técnicas avançadas de análise de dados e visualização tridimensional permite uma análise mais precisa e detalhada dos fenômenos sísmicos e suas consequências.

Em síntese, os estudos multidisciplinares são essenciais para avançar o conhecimento sobre os terremotos e a atividade tectônica, fornecendo uma base sólida para o desenvolvimento de estratégias de mitigação de riscos e proteção das comunidades humanas contra os impactos dos desastres naturais. A colaboração entre diferentes disciplinas científicas é crucial para enfrentar os desafios complexos associados à compreensão e prevenção de terremotos.

Os estudos detalhados sobre sismologia e terremotos têm revelado a complexidade dos processos geodinâmicos que moldam a crosta terrestre. Através da integração de diversas disciplinas científicas, temos avançado significativamente na compreensão dos fenômenos sísmicos e na prevenção de desastres naturais.

As técnicas avançadas de detecção, monitoramento e modelagem numérica têm permitido uma análise mais precisa e detalhada da atividade sísmica e seus efeitos.

No entanto, apesar dos avanços alcançados, ainda há muito a ser explorado e compreendido sobre os terremotos e sua interação com o ambiente terrestre. O desafio continua sendo o desenvolvimento de métodos e tecnologias mais avançados, bem como a colaboração contínua entre cientistas de diversas disciplinas, para enfrentar os desafios complexos associados à sismologia e à proteção das comunidades contra os riscos sísmicos.

Em última análise, é crucial manter o compromisso com a pesquisa científica e a cooperação internacional para avançar no entendimento dos terremotos e para garantir a segurança e o bem-estar das populações em todo o mundo. Somente através do esforço conjunto e da dedicação contínua poderemos enfrentar os desafios impostos pelos fenômenos sísmicos.

CAPÍTULO 6: FORMAÇÕES DE TSUNAMIS

Na introdução aos tsunamis, é essencial compreender a natureza desses fenômenos oceânicos extremamente poderosos. Os tsunamis, também chamados de maremotos, são eventos catastróficos desencadeados por uma série de fatores geodinâmicos, sendo mais frequentemente associados a terremotos submarinos, mas também podem resultar de erupções vulcânicas, deslizamentos de terra submarinos e até mesmo impactos de meteoritos.

A formação de um tsunami geralmente tem início com um evento súbito que perturba o fundo do oceano, como um terremoto submarino. Quando ocorre uma ruptura na crosta terrestre sob o oceano, uma grande quantidade de energia é liberada, desencadeando uma onda inicial conhecida como onda de deslocamento. Esta onda perturba a superfície do oceano e gera uma série de ondas de longo período que se propagam radialmente a partir do ponto de origem.

O deslocamento repentino do fundo do mar resulta em uma redistribuição de massa de água, criando uma onda que se desloca rapidamente pela água. Essa onda inicial é apenas o começo do que pode se tornar um fenômeno devastador. Ao se movimentar pelo oceano, a onda de um tsunami pode viajar a velocidades extremamente altas, às vezes alcançando centenas de quilômetros por hora em águas profundas.

No entanto, ao se aproximar da costa e encontrar águas mais rasas, esta onda começa a diminuir a velocidade e sua altura aumenta significativamente. Este fenômeno é conhecido como amplificação de tsunami. Quando a onda finalmente atinge a costa, pode desencadear inundações extensas e destruição massiva, representando uma ameaça grave para as comunidades costeiras.

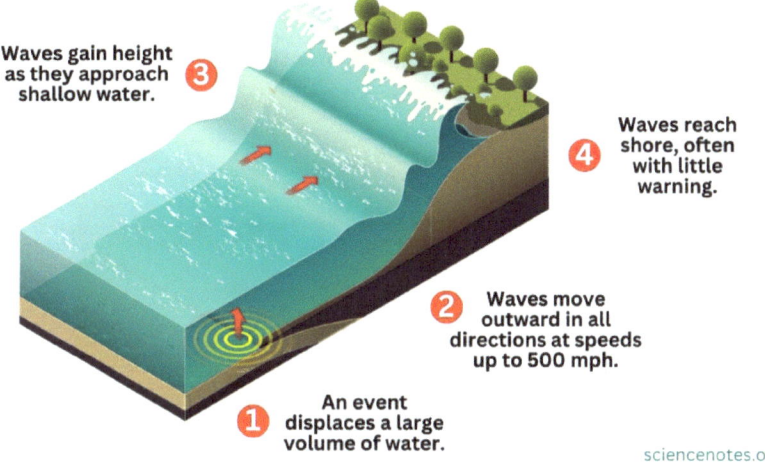

Créditos na imagem

As características distintivas dos tsunamis se distinguem das ondas comuns de várias maneiras significativas, conferindo-lhes uma natureza única e potencialmente devastadora:

1. Longos comprimentos de onda: Em contraste com as ondas regulares, os tsunamis apresentam comprimentos de onda extraordinariamente extensos, podendo alcançar até 200 milhas. Esta extensão excepcional implica que a distância entre as cristas das ondas adjacentes pode ser medida em milhas ou quilômetros, em contraposição ao comprimento de onda mais modesto de 60-150 m (200-490 pés) característico das ondas geradas pelo vento.

2. Alta velocidade: Os tsunamis são conhecidos por sua velocidade impressionante, atingindo até 500-800 km/h (310-500 mph) em certos casos. Esta rápida propagação tem implicações significativas, pois o tempo de resposta é crucial para mitigar o impacto das ondas, destacando a necessidade de sistemas de alerta precoce eficazes e medidas de evacuação rápida.

3. Aumento repentino de altura: Embora os tsunamis possam ser quase imperceptíveis em águas profundas, sua altura aumenta dramaticamente à medida que se aproximam de áreas costeiras mais rasas. Este fenômeno pode resultar em um crescimento exponencial na altura das ondas, culminando em uma devastação considerável quando atingem a terra. Portanto, é possível que um navio navegando em águas profundas não seja afetado por um tsunami que cause danos significativos em áreas costeiras.

Segundo o site *Sciense Notes,* listamos os10 tsunamis historicamente mais significativos:

1. Tsunami do Oceano Índico, 2004: Originado por um enorme terremoto submarino perto da costa de Sumatra, Indonésia, este tsunami é considerado um dos desastres naturais mais letais da história, resultando em mais de 230.000 mortes em 14 países, incluindo Tailândia, Sri Lanka e Índia.

2. Tsunami de Tohoku, Japão, 2011: Gerado por um terremoto de magnitude 9,0, este tsunami desencadeou o desastre nuclear de Fukushima, causando cerca de 16.000 mortes e tendo impacto econômico significativo.

3. Tsunami da Baía de Lituya, Alasca, 1958: Caracterizado pela maior onda de tsunami já registrada, atingindo 1.720 pés, este tsunami foi causado por um deslizamento de terra, resultando em menos vítimas humanas, mas demonstrando a formidável força dos tsunamis.

4. Grande Terremoto e Tsunami de Lisboa, 1755: Ocorrido no Dia de Todos os Santos, este evento catastrófico devastou Lisboa, Portugal, e afetou vastas áreas da Europa e do Norte da África, com a onda do tsunami alcançando o Caribe.

5. Tsunami de Krakatoa, Indonésia, 1883: Originado pela erupção do vulcão Krakatoa, este tsunami apresentou ondas de até 135 pés e causou cerca de 36.000 mortes, sendo seu impacto audível a 3.000 milhas de distância.

6. Tsunami de Messina, Itália, 1908: Desencadeado por um terremoto no Estreito de Messina, este tsunami resultou na morte de aproximadamente 80.000 pessoas em Messina e Reggio Calabria.

7. Tsunami de Nankaido, Japão, 1707: Um dos primeiros tsunamis bem documentados, este evento foi causado por um terremoto de grande magnitude e resultou em perdas significativas de vidas e propriedades no Japão.

8. Tsunami de Papua Nova Guiné, 1998: Originado por um deslizamento de terra submarino, este tsunami produziu ondas de até 15 metros de altura e causou mais de 2.200 mortes.

9. Tsunami de Sanriku, Japão, 1896: Conhecido por suas altas alturas, este tsunami resultou de um terremoto submarino e impactou a costa de Sanriku, Japão, causando a morte de mais de 22.000 pessoas.

10. Tsunami do Chile, 1960: Desencadeado pelo terremoto mais poderoso já registrado, de magnitude 9,5, este tsunami afetou toda a região do Pacífico, resultando em mortes em locais tão distantes quanto Havaí, Japão e Filipinas.

Esses tsunamis históricos destacam vividamente o poder imenso e a devastação potencial desse fenômeno natural. O entendimento desses eventos pode contribuir para o aprimoramento das estratégias de preparação e resposta para futuros tsunamis.

Um outro dado relevante é que, cerca de 80% dos tsunamis são observados no Oceano Pacífico, embora possam ocorrer em qualquer grande massa de água, inclusive em lagos. Além disso, a topografia da linha costeira desempenha um papel crucial. Por exemplo, ao longo da história, o Japão enfrentou mais de cem eventos desta natureza, em contraste com Taiwan, localizado nas proximidades, que registrou apenas dois. Ainda, segundo o NOAA, A previsão precisa de tsunamis ainda é desafiadora, mesmo quando a magnitude e a localização do terremoto são conhecidas. Geólogos, oceanógrafos e sismólogos conduzem uma análise detalhada de cada terremoto e, com base em diversos fatores, podem ou não emitir um aviso de alerta. No entanto, há indicadores de alerta precoce para um tsunami iminente, e sistemas automatizados podem fornecer alertas imediatos após um terremoto, potencialmente salvando vidas. Um exemplo notável é o uso de sensores de pressão de fundo acoplados a boias, os quais monitoram continuamente a pressão da coluna d'água acima deles.

Regiões com alto risco de tsunami geralmente implementam sistemas de alerta para informar a população antes da chegada da onda à costa. Na costa oeste dos Estados Unidos, sujeita a tsunamis do Oceano Pacífico, são estabelecidos sinais de alerta que indicam rotas de evacuação.

No Japão, onde a população está bem ciente da ameaça de terremotos e tsunamis, os sinais de alerta são uma lembrança constante dos perigos naturais. Além disso, uma rede de sirenes de alerta, frequentemente localizada no topo de penhascos próximos às colinas, está em vigor.
O Sistema de Alerta de Tsunami do Pacífico, com base em Honolulu, Havaí, monitora a atividade sísmica no Oceano Pacífico. A detecção de um terremoto com magnitude suficientemente significativa, juntamente com outras informações relevantes, desencadeia um alerta de tsunami.

É importante ressaltar que nem todos os terremotos nas zonas de subducção ao redor do Pacífico resultam em tsunamis. Portanto, computadores desempenham um papel crucial na avaliação do risco associado a cada terremoto que ocorre no Oceano Pacífico e nas regiões terrestres adjacentes.

Outro fator preponderante são os distúrbios na ionosfera, que podem desempenhar um papel crucial como sistema de alerta. Durante o terremoto e tsunami de 2011 no Japão, diversos efeitos impactantes ocorreram, incluindo ondulações na paisagem e no mar que também se refletiram na ionosfera, uma camada atmosférica situada acima dos 85 quilômetros de altitude, onde as moléculas são ionizadas pela radiação solar. O terremoto gerou ondas acústicas e de Rayleigh que se propagaram até a ionosfera em apenas 10 minutos após o evento. Um estudo recente investigou as observações de Distúrbios Ionosféricos em Viagem (TIDs) ao longo das trajetórias de dois satélites GNSS, comparando-as com simulações de TIDs. Tanto nas observações quanto nas simulações, os Distúrbios Ionosféricos de Viagem à Frente do Tsunami (ATIDs) foram identificados como picos secundários na variação temporal dos TIDs, aparecendo entre 30 a 90 minutos antes da chegada do tsunami.

A detecção precoce (60 minutos antes da chegada do tsunami) de TIDs na ionosfera, localizados a 10° à frente da onda de choque, os torna um importante indicador para a detecção do fenômeno em áreas distantes. Isso pode complementar os sistemas de alerta precoce de tsunamis já existentes, oferecendo uma solução de baixo custo.

Além disso, alguns zoólogos têm levantado a hipótese de que certas espécies animais possuem a capacidade de detectar as ondas subsônicas de Rayleigh geradas por terremotos ou tsunamis. Se confirmada, essa capacidade poderia permitir a utilização do comportamento animal como um indicador precoce de atividades sísmicas.

Contudo, as evidências a respeito são controversas e ainda não foram amplamente aceitas. Algumas alegações durante o terremoto de Lisboa indicam que certos animais migraram para áreas mais elevadas, enquanto outros permaneceram nas áreas afetadas e se afogaram. Similarmente, observações foram feitas no Sri Lanka durante o terremoto de 2004 no Oceano Índico. Há a possibilidade de que certos animais, como elefantes, tenham sido capazes de perceber os sons do tsunami à medida que se aproximava da costa, levando-os a se afastar do perigo iminente. Em contraste, muitos humanos foram à costa investigar e acabaram perdendo suas vidas como resultado.

CAPÍTULO 7: IMPACTO AMBIENTAL E ECOLÓGICO DOS TSUNAMIS

A região costeira, também conhecida como zona nerítica, constitui uma área de transição entre o ambiente continental e o oceano. Este espaço é caracterizado pela influência das marés e pela capacidade de penetração da luz até às camadas mais profundas, favorecendo assim a ocorrência da fotossíntese.

Trata-se de uma faixa de terra complexa, dinâmica e mutável, sujeita a diversos processos geológicos. A ação mecânica das ondas, das correntes e das marés desempenha um papel fundamental na modelagem das características das zonas costeiras, resultando em processos de erosão ou deposição.

A compreensão dos impactos dos tsunamis no ambiente marinho é crucial para avaliar o efeito total desses eventos catastróficos nos ecossistemas costeiros. Este capítulo busca analisar os danos provocados pelos tsunamis aos recifes de coral, habitats litorâneos e vida aquática, ressaltando os efeitos adversos imediatos e de longo prazo, bem como as implicações para a conservação marinha.

Examinar os prejuízos infligidos aos recifes de coral em decorrência de tsunamis requer uma análise minuciosa das interações complexas entre as ondas de choque e esses ecossistemas marinhos extremamente diversificados. Os tsunamis exercem forças físicas consideráveis sobre os recifes, ocasionando uma variedade de impactos que comprometem sua integridade estrutural e funcionalidade ecológica.

As ondas de choque geradas pelos tsunamis impõem estresse mecânico direto sobre os corais, resultando em danos físicos que variam desde fraturas até a completa desintegração das estruturas recifais. A intensidade das ondas também pode transportar sedimentos e detritos, os quais podem ser depositados nos recifes, recobrindo os corais e sufocando-os, interferindo assim na vital troca gasosa e alimentar.

Adicionalmente, a turvação da água aumenta durante os eventos de tsunami, devido ao transporte de sedimentos, o que acarreta consequências negativas para os corais. A diminuição da penetração de luz solar prejudica a fotossíntese realizada pelas zooxantelas, organismos simbióticos presentes nos corais, resultando em branqueamento e morte desses organismos. Tal perda não apenas reduz a diversidade biológica dos recifes, mas também afeta negativamente a estrutura e a função dos ecossistemas recifais.

Os danos aos recifes de coral durante tsunamis têm implicações de longo prazo para a saúde e resiliência desses ecossistemas marinhos cruciais. A recuperação após um tsunami pode ser um processo moroso e intrincado, influenciado por diversos fatores que determinam a velocidade e a extensão da recuperação.

Outra questão relevante é a erosão costeira, um dos principais impactos dos tsunamis nos habitats dessas áreas. As ondas de choque, ao atingirem a costa, podem remover grandes quantidades de sedimentos e materiais costeiros, resultando na destruição de habitats como manguezais e praias. A perda desses habitats não apenas diminui a biodiversidade local, mas também compromete a proteção natural contra eventos climáticos extremos e a estabilidade da linha costeira.

Além da erosão, os tsunamis também podem provocar deposição de sedimentos nessas áreas. O transporte de sedimentos pelas ondas de tsunami pode resultar na acumulação de material sedimentar em estuários e manguezais, afetando a qualidade da água e a biodiversidade desses ecossistemas. A deposição excessiva de sedimentos também pode obstruir canais de navegação e interferir na atividade pesqueira e turística.

A destruição de habitats costeiros durante tsunamis tem

implicações significativas para a resiliência ecológica desses ecossistemas. A perda de manguezais, por exemplo, reduz a capacidade de proteção contra tempestades, aumentando a vulnerabilidade das comunidades dessa região a eventos extremos. Ademais, a erosão costeira pode resultar na perda de áreas de reprodução e alimentação para espécies marinhas, afetando toda a cadeia alimentar.

As consequências dos tsunamis para a vida marinha são vastas e abrangem diversos aspectos da biodiversidade e ecologia marinha. A exposição a ondas de choque pode ocasionar danos diretos à fauna marinha, incluindo a mortalidade de organismos frágeis e a desestruturação de habitats essenciais. A remoção de manguezais e pradarias de ervas marinhas pode privar espécies de habitats críticos de reprodução e alimentação, comprometendo sua viabilidade populacional. Além disso, a deposição de sedimentos em estuários e áreas costeiras pode alterar a qualidade da água e afetar a disponibilidade de alimento para organismos filtradores e bentônicos. A turvação resultante do transporte de sedimentos também pode interferir na fotossíntese de organismos fotossintetizantes, afetando a produção primária e a disponibilidade de alimento na cadeia alimentar marinha. Esses impactos podem desencadear efeitos em cascata em toda a comunidade marinha, resultando em mudanças na estrutura e na dinâmica dos ecossistemas costeiros. Em última análise, compreender as consequências dos tsunamis para a vida marinha é crucial para a conservação e o manejo sustentável dos recursos marinhos, promovendo a resiliência dos ecossistemas costeiros frente a eventos extremos.

A Faixa Litorânea do Brasil se estende, em sua parte terrestre, por mais de 8.500 quilômetros, abrangendo 17 unidades federativas e mais de quatrocentos municípios, desde o Norte equatorial até o Sul temperado do país.

Além disso, engloba a área marítima constituída pelo mar territorial, com extensão de 12 milhas náuticas a partir da linha costeira. O Brasil possui uma das maiores extensões litorâneas do mundo, entre a desembocadura do rio Oiapoque, no Amapá, e Chuí, no Rio Grande do Sul. A Região Marinha se inicia na faixa costeira e engloba a plataforma continental marinha e a Zona Econômica Exclusiva – ZEE, que, no caso do Brasil, estende-se até 200 milhas da costa.

Área de Manguezal em Superagui, Paraná. Foto: Duda Menegassi.

Já a zona costeira norte-americana é vasta e diversificada, abrangendo uma extensão significativa ao longo das costas leste, oeste e do golfo dos Estados Unidos. Esta área é caracterizada por uma combinação única de ecossistemas marinhos, estuarinos e terrestres, que desempenham papéis fundamentais na ecologia, economia e cultura do país.

Na costa leste, destacam-se regiões como a Costa do Atlântico, que se estende desde o Maine até a Flórida, e inclui uma variedade de habitats costeiros, como praias, estuários, pântanos e recifes de coral. Esta área é conhecida por sua rica biodiversidade, com uma grande variedade de espécies marinhas e aves migratórias.

Na costa oeste, a Zona Costeira do Pacífico abrange desde o estado de Washington até a Califórnia, apresentando uma paisagem costeira espetacular, que inclui penhascos íngremes, praias arenosas e florestas costeiras exuberantes. Esta região é famosa pela sua beleza natural e pela sua importância como habitat para espécies marinhas, como leões-marinhos, baleias e aves marinhas.

Litoral da California: Half Moon Bay

No golfo dos Estados Unidos, a costa do golfo abrange os estados do Texas, Louisiana, Mississippi, Alabama e Flórida, e é caracterizada por uma paisagem costeira dominada por extensos estuários, pântanos e manguezais. Esta área é vital para a pesca comercial, oferecendo habitat para uma variedade de espécies de peixes, camarões e moluscos.

Além da sua importância ambiental, a zona costeira norte-americana desempenha um papel crucial na economia do país, fornecendo recursos naturais, como petróleo, gás natural, frutos do mar e turismo. No entanto, esta região também enfrenta desafios significativos, incluindo a erosão costeira, a poluição da água e o aumento do nível do mar, que ameaçam a saúde e a resiliência dos ecossistemas costeiros e das comunidades que deles dependem.

Ainda, zona costeira da Europa é vasta e diversificada, estendendo-se ao longo de milhares de quilômetros ao redor de todo o continente. Esta região é caracterizada por uma grande variedade de paisagens, ecossistemas e culturas, desempenhando um papel fundamental na vida dos países europeus.

Ao longo da costa atlântica, países como Portugal, Espanha, França, Reino Unido e Irlanda possuem uma costa marcada por falésias impressionantes, praias arenosas, estuários e baías abrigadas. Essas áreas costeiras são conhecidas por sua beleza natural e sua importância como habitat para uma grande diversidade de vida marinha, incluindo aves marinhas, mamíferos marinhos e peixes migratórios.

Na costa do Mar do Norte, países como Holanda, Bélgica, Alemanha e Dinamarca enfrentam desafios únicos devido à ameaça da erosão costeira e à necessidade de proteção contra inundações. Essas nações desenvolveram sistemas de gestão costeira avançados, incluindo diques, barragens e sistemas de drenagem, para proteger suas terras baixas e cidades costeiras.

No Mediterrâneo, países como Espanha, Itália, Grécia e Croácia possuem uma costa pontilhada por enseadas isoladas, ilhas pitorescas e antigas cidades costeiras. Esta região é famosa pelo seu clima ameno, suas praias de areia dourada e sua rica herança cultural, que atrai milhões de turistas todos os anos.

Além da sua importância ambiental e cultural, a zona costeira da Europa desempenha um papel crucial na economia da região, fornecendo recursos naturais, como frutos do mar, sal e turismo. No entanto, esta região também enfrenta desafios significativos, como a poluição da água, o desenvolvimento costeiro não sustentável e os efeitos das mudanças climáticas, que ameaçam a saúde e a resiliência dos ecossistemas costeiros e das comunidades que deles dependem.

Na Ásia,a zona costeira do Japão é uma área de grande importância geográfica, econômica e cultural, estendendo-se ao longo das quatro principais ilhas do arquipélago japonês: Honshu, Hokkaido, Kyushu e Shikoku, bem como em várias ilhas menores. Esta região possui uma paisagem costeira diversificada, que inclui penínsulas, enseadas, baías, praias, falésias e ilhas.

A costa do Japão é banhada pelo Oceano Pacífico a leste, pelo Mar do Japão a oeste e pelo Mar da China Oriental ao sul, proporcionando uma variedade de ambientes marinhos e estuarinos. Esta área é conhecida por sua rica biodiversidade marinha, incluindo uma grande variedade de espécies de peixes, crustáceos, moluscos e mamíferos marinhos.

Além da sua importância ambiental, a zona costeira do Japão desempenha um papel crucial na economia do país, fornecendo recursos naturais como frutos do mar, algas marinhas e minerais, bem como sendo uma importante rota comercial e de transporte marítimo. As cidades costeiras do Japão são centros de atividade econômica e cultural, abrigando portos movimentados, indústrias pesqueiras e turísticas, além de importantes locais históricos e culturais.

No entanto, a zona costeira do Japão também enfrenta desafios significativos, incluindo a ameaça de tsunamis e terremotos, que podem causar danos graves à infraestrutura costeira e às comunidades locais. Além disso, a poluição da água, o desenvolvimento costeiro não sustentável e as mudanças climáticas representam ameaças adicionais à saúde e resiliência dos ecossistemas costeiros do país.

Para lidar com esses desafios, o Japão implementou uma série de medidas de gestão costeira, incluindo a construção de barreiras contra tsunamis, o monitoramento da qualidade da água e a promoção do desenvolvimento sustentável das comunidades costeiras. Essas iniciativas visam proteger os recursos naturais e culturais da zona costeira do Japão e garantir sua sustentabilidade para as gerações futuras.

ilha de Miyako/ cerca de 300 quilômetros de Okinawa.

Praia de Yoron, Japão

CAPITULO 8: PERSPECTIVAS FUTURAS E PESQUISA EM SISMOLOGIA

Os avanços tecnológicos na sismologia têm desempenhado um papel fundamental na melhoria da compreensão dos terremotos e na capacidade de monitorar e prever eventos sísmicos. Essas inovações abrangem uma ampla gama de áreas, desde a detecção e medição de movimentos sísmicos até a análise e interpretação de dados.

Uma das tecnologias mais impactantes na sismologia é o desenvolvimento de redes de sensores sísmicos distribuídos. Estas redes consistem em uma série de sensores sísmicos interconectados que são instalados em diferentes locais geográficos. Eles são capazes de detectar e registrar movimentos sísmicos em tempo real, fornecendo uma visão detalhada da atividade sísmica em uma determinada região. Além disso, esses sensores são frequentemente equipados com tecnologia de transmissão de dados em tempo real, permitindo uma resposta rápida a eventos sísmicos.

Outro avanço tecnológico significativo é a utilização de satélites de observação da Terra para monitorar deformações crustais. Esses satélites são equipados com instrumentos sensíveis que podem medir variações minuciosas na superfície da Terra, permitindo o mapeamento de movimentos tectônicos e a detecção de deformações prévias a terremotos. Essa capacidade de monitoramento remoto é especialmente útil em áreas geograficamente complexas, onde a instalação de sensores terrestres pode ser desafiadora.

Além disso, o desenvolvimento de modelos computacionais avançados tem sido fundamental para a análise e interpretação de dados sísmicos. Esses modelos utilizam algoritmos complexos para simular o comportamento de terremotos e prever seus efeitos em diferentes cenários. Eles são capazes de integrar uma variedade de dados, incluindo dados sísmicos, geológicos e geofísicos, proporcionando uma compreensão abrangente dos processos tectônicos subjacentes.

As áreas de pesquisa emergentes em sismologia estão na vanguarda do desenvolvimento científico e tecnológico, abordando questões complexas e desafiadoras relacionadas aos terremotos e processos tectônicos. Essas áreas representam oportunidades promissoras para avançar nossa compreensão dos fenômenos sísmicos e melhorar nossas capacidades de previsão e mitigação de riscos. Alguns dos campos mais destacados incluem:

1. Detecção de Pré-Ruptura Sísmica: Uma das áreas mais excitantes é o desenvolvimento de métodos para detectar sinais precursoras de terremotos, conhecidos como pré-ruptura sísmica. Isso envolve o uso de técnicas avançadas de análise de dados para identificar padrões e anomalias nos registros sísmicos que possam indicar a iminência de uma ruptura sísmica. A detecção precoce desses sinais pode fornecer informações valiosas para alertar as comunidades sobre a ocorrência iminente de terremotos.

2. Modelagem de Incerteza: Outra área de pesquisa em ascensão é a modelagem de incerteza em sismologia, que busca quantificar e incorporar a incerteza nos modelos e previsões sísmicas. Isso é essencial para fornecer estimativas realistas de risco sísmico e tomar decisões informadas sobre medidas de mitigação e adaptação. Métodos estatísticos avançados e técnicas de simulação estão sendo desenvolvidos para lidar com a complexidade e a variabilidade dos sistemas sísmicos.

3. Integração de Dados Multidisciplinares: A integração de dados de diferentes fontes e disciplinas é uma área de pesquisa cada vez mais importante em sismologia como já abordamos anteriormente. Isso inclui a combinação de dados sísmicos com dados geológicos, geofísicos e geodésicos para obter uma compreensão mais completa dos processos tectônicos

subjacentes. A abordagem multidisciplinar é essencial para reconstruir a história sísmica de uma região e avaliar seu potencial de risco sísmico.

4. Aplicação de Inteligência Artificial: O uso de inteligência artificial e aprendizado de máquina está se tornando cada vez mais comum na análise e interpretação de dados sísmicos. Essas técnicas podem ajudar a identificar padrões e tendências nos dados sísmicos que podem não ser óbvios para os pesquisadores humanos. Isso pode levar a insights novos e inesperados sobre os processos sísmicos e melhorar a precisão das previsões sísmicas.

5. Monitoramento e Modelagem de Deformações Crustais: O monitoramento e a modelagem das deformações crustais são áreas-chave de pesquisa que visam entender como as tensões se acumulam e liberam ao longo do tempo. Isso inclui o uso de técnicas geodésicas e geofísicas avançadas para medir as mudanças na superfície da Terra e modelos numéricos para simular o comportamento das falhas geológicas. Uma compreensão mais profunda desses processos é fundamental para prever e mitigar os riscos associados aos terremotos.

CAPÍTULO 9: IMPACTO SOCIOECONÔMICO DOS TERREMOTOS E TSUNAMIS

Os terremotos e tsunamis representam ameaças que transcende os limites geográficos e temporais, reverberando profundamente na estrutura social e econômica das regiões atingidas. Estes eventos catastróficos desencadeiam uma cascata de consequências humanitárias e econômicas, desde perdas irreparáveis de vidas até a destruição generalizada de infraestruturas vitais. A compreensão abrangente do impacto socioeconômico desses fenômenos é fundamental não apenas para avaliar o alcance da tragédia humana, mas também para orientar estratégias eficazes de resposta, recuperação e reconstrução. Neste contexto, buscamos explorar os intricados desdobramentos sociais e econômicos desencadeados por terremotos e tsunamis, destacando os desafios prementes enfrentados pelas comunidades afetadas e delineando caminhos para uma resposta efetiva diante desses eventos devastadores.

Os terremotos e tsunamis são eventos naturais de alta magnitude que, além de causarem danos materiais extensivos, resultam em perdas humanas significativas. Este aspecto intrínseco desses eventos desastrosos representa não apenas uma tragédia humanitária imediata, mas também uma crise de longo prazo que afeta profundamente as estruturas sociais e econômicas das regiões atingidas.

As perdas humanas decorrentes de terremotos e tsunamis não se limitam apenas ao número de vítimas fatais, mas abrangem uma gama diversificada de impactos psicossociais e de saúde. Indivíduos sobreviventes muitas vezes enfrentam traumas emocionais profundos, resultantes da perda de entes queridos, bem como desafios físicos e psicológicos associados à experiência de sobrevivência em meio à destruição. Ademais, a disseminação de doenças, condições insalubres e escassez de recursos médicos adequados frequentemente acompanham a emergência humanitária desencadeada por esses desastres naturais.

Quanto aos danos materiais, os terremotos e tsunamis têm o potencial de causar destruição maciça em infraestruturas urbanas e rurais. Edifícios residenciais, comerciais e industriais são frequentemente reduzidos a escombros, enquanto vias de transporte, sistemas de abastecimento de água e energia, e outros serviços básicos sofrem danos generalizados. Essa devastação material não apenas representa uma perda econômica imediata, mas também gera impactos sociais significativos, incluindo deslocamento populacional, interrupção da vida cotidiana e desestabilização das comunidades afetadas.

O reconhecimento da interconexão entre os aspectos humanos e materiais dessas crises naturais é essencial para uma abordagem abrangente e holística na mitigação de seus impactos e na promoção da resiliência das comunidades afetadas.

Um aspecto crucial e frequentemente subestimado dos terremotos e tsunamis é o deslocamento populacional massivo que ocorre como resultado direto desses eventos catastróficos. O deslocamento populacional, tanto interno quanto internacional, é uma manifestação tangível das consequências humanitárias e sociais desses desastres naturais, acarretando uma série de desafios e implicações complexas.

O deslocamento populacional ocorre quando as pessoas são forçadas a abandonar suas residências e comunidades devido a danos estruturais irreparáveis, ameaças de segurança iminente ou perda de acesso a recursos básicos essenciais. Isso pode resultar em uma série de dificuldades, incluindo a busca por abrigo temporário, acesso limitado a água potável e alimentos, desafios de saúde pública e a necessidade de reassentamento de longo prazo.

Os efeitos do deslocamento populacional são variados e abrangentes, afetando não apenas os indivíduos diretamente deslocados, mas também as comunidades receptoras e as estruturas sociais e econômicas mais amplas. O deslocamento pode levar à desintegração de redes sociais e comunitárias, à fragmentação das famílias e ao aumento da vulnerabilidade social e econômica, especialmente entre os grupos mais marginalizados e vulneráveis.

Além disso, o deslocamento populacional pode gerar tensões e conflitos em comunidades receptoras, à medida que os recursos escassos são disputados e as capacidades locais são sobrecarregadas pela chegada de novos residentes. Essa dinâmica pode exacerbada por questões de discriminação, estigmatização e exclusão social, tornando o processo de reassentamento ainda mais desafiador e traumático para os deslocados.

A compreensão dos impactos sociais e humanitários do deslocamento é essencial para informar políticas e programas eficazes de assistência humanitária, reconstrução pós-desastre e desenvolvimento sustentável das comunidades afetadas.

Os terremotos e tsunamis impõem custos substanciais à sociedade em termos de recuperação e reconstrução das áreas afetadas. Estes custos abrangem uma ampla gama de despesas, desde a remoção de escombros até a restauração de infraestruturas vitais e o apoio às comunidades atingidas. O entendimento detalhado dos custos associados à recuperação e reconstrução é fundamental para informar políticas e estratégias eficazes de resposta a desastres e para garantir uma recuperação sustentável e resiliente.

Os custos de recuperação e reconstrução são influenciados por uma série de fatores, incluindo a extensão dos danos causados pelos terremotos e tsunamis, a escala geográfica das áreas afetadas, a disponibilidade de recursos financeiros e a eficácia das medidas de preparação e resposta. Esses custos podem ser divididos em várias categorias principais, incluindo:

1. Remoção de Escombros: A primeira etapa na recuperação pós-desastre é a remoção de escombros, que envolve a limpeza e a desobstrução das áreas afetadas para permitir o acesso seguro e facilitar as operações de reconstrução. Esta é uma tarefa complexa e demorada que pode representar uma parte significativa dos custos totais de recuperação.

2. Reparação de Infraestruturas: Os terremotos e tsunamis frequentemente causam danos extensivos às infraestruturas, incluindo edifícios, estradas, pontes, portos e redes de abastecimento de água e energia. Os custos associados à reparação e reconstrução dessas infraestruturas são substanciais e podem levar anos, senão décadas, para serem totalmente recuperados.

3. Apoio às Comunidades Afetadas: As comunidades afetadas por terremotos e tsunamis muitas vezes requerem apoio financeiro e material para atender às suas necessidades básicas, como abrigo, água potável, alimentos, assistência médica e psicossocial. Os custos associados a esses programas de assistência humanitária podem ser significativos e devem ser cuidadosamente gerenciados para garantir uma distribuição equitativa e eficaz dos recursos disponíveis.

4. Desenvolvimento de Medidas de Mitigação de Riscos: Além da recuperação imediata, é fundamental investir em medidas de mitigação de riscos de longo prazo para reduzir a vulnerabilidade das comunidades a futuros terremotos e tsunamis. Isso inclui a implementação de códigos de construção mais rigorosos, o fortalecimento de infraestruturas críticas, a educação pública sobre medidas de segurança e a criação de sistemas de alerta precoce mais eficazes.

Em suma, os custos de recuperação e reconstrução após terremotos e tsunamis são substanciais e podem representar um fardo significativo para os governos locais, nacionais e internacionais. No entanto, investir nessas atividades é essencial para promover uma recuperação sustentável e resiliente das áreas afetadas e para reduzir o risco de futuros desastres naturais.

CONSIDERAÇÕES FINAIS

Nesta obra, exploramos profundamente a dinâmica da tectônica de placas, desde suas origens históricas até os desenvolvimentos contemporâneos em sismologia e monitoramento geológico. Ao longo deste estudo, várias conclusões significativas emergiram, proporcionando uma compreensão mais abrangente e aprofundada dos fenômenos geodinâmicos que moldam a superfície terrestre e influenciam a vida em nosso planeta.

Primeiramente, ficou claro que a teoria da tectônica de placas representa um marco paradigmático na geociência, unificando uma série de observações e evidências em uma estrutura teórica coerente. Desde as primeiras observações de Alfred Wegener sobre a deriva continental até as modernas técnicas de monitoramento geodésico e sismológico, nossa compreensão da dinâmica terrestre avançou significativamente, proporcionando insights cruciais sobre a evolução geológica de nosso planeta.

Além disso, ficou evidente que a tectônica de placas desempenha um papel fundamental na configuração dos ambientes naturais e na distribuição da vida na Terra. Desde a formação de cadeias de montanhas e bacias oceânicas até a geração de vulcões e terremotos, os processos tectônicos moldam continuamente a paisagem terrestre e influenciam os padrões de biodiversidade e os ciclos biogeoquímicos globais.

Ao considerar os impactos socioeconômicos dos terremotos e tsunamis, observamos que esses eventos naturais representam uma ameaça significativa para as sociedades humanas e as economias globais. As perdas humanas, os danos materiais e o deslocamento populacional resultantes desses desastres exigem uma resposta coordenada e eficaz por parte das autoridades locais, nacionais e internacionais, visando mitigar os impactos adversos e promover a recuperação sustentável das comunidades afetadas.

Por fim, ao discutir as perspectivas futuras da pesquisa em sismologia e previsão de tsunamis, destacamos a importância contínua de avançar nas técnicas de monitoramento, modelagem e previsão para melhorar nossa capacidade de compreender e mitigar os riscos associados aos eventos sísmicos. O desenvolvimento de novas tecnologias, como sistemas de alerta precoce e métodos de modelagem numérica de alta resolução, promete oferecer oportunidades eficazes para avançar nossa compreensão dos processos geodinâmicos e melhorar nossa capacidade de proteger vidas e propriedades contra os impactos dos terremotos e tsunamis.

Em suma, esta tese oferece uma análise abrangente e detalhada da tectônica de placas e seus efeitos sobre a geografia e a vida na Terra. Ao integrar uma variedade de disciplinas científicas e abordar questões fundamentais relacionadas à dinâmica terrestre e aos riscos naturais, esperamos que este trabalho contribua para uma compreensão mais profunda e informada dos processos geológicos que moldam nosso planeta e influenciam nosso destino coletivo como habitantes da Terra.

REFERÊNCIAS BIBLIOGRÁFICAS

ESA: European Space Agency: https://www.esa.int/Applications/ Observing_the_Earth/ Expert_s_Roundtable_ASAR_interferometry_promises_hyper-accurate_measurements_from_orbit Acesso 14/03/2024

Geoscience Australia: https://www.ga.gov.au/scientific-topics/ positioning-navigation/geodesy/geodetic-techniques/ interferometric-synthetic-aperture-radar

Haugen, K; Lovholt, F; Harbitz, C (2005). Mecanismos fundamentais para a geração de tsunamis por fluxos de massa submarina em geometrias idealizadas. *Geologia Marinha e Petróleo*. 22 (1–2): 209–217. doi: 10.1016/j.marpetgeo.2004.10.016

Lekkas E.; Andreadakis E.; Kostaki I.; Kapourani E. (2013) (em inglês). "Uma proposta para uma nova escala integrada de intensidade de tsunami (ITIS-2012)". *Boletim da Sociedade Sismológica da América*. 103 (2B): 1493–1502. doi: 10.1785/0120120099

Levin, Boris; Nosov, Mikhail (2009) (em inglês). *A Física dos Tsunamis*. Dordrecht: Springer. ISBN 978-1-4020-8855-1.

National Aeronautics and Space Administration NASA: https:// svs.gsfc.nasa.gov/10682/

National Oceanic and Atmospheric Administration NOAA: https://oceanexplorer.noaa.gov/okeanos/explorations/ex1811/ background/geology/welcome.html Acesso 13/04/2024

O Abe K. (em inglês (em inglês) (1995). *Estimativa de Tsunami Run-up Heights de magnitudes de terremoto*. ISBN 978-0-7923-3483-5.

Voit, S.S. (em inglês). "Tsunamis" (em inglês). *Revisão anual da mecânica dos fluidos*. 19 (1): 217–236. doi: 10.1146/

JOSÉRUIZ WATZECK

annurev.fl.19.0187.001245

SOBRE O AUTOR

José Ruiz Watzeck

Jornalista, Escritor, Autor, Geógrafo, Matemático, Professor, Neuropsicopedagogo, Especialista em Docência do Ensino Superior, Pós graduado em Auditoria, Gestão e Licenciamento Ambiental, Pós graduado em Geoprocessamentos e Georreferenciamentos, Pedagogo, especialista em Astronomia e Astrofísica.